整理收纳师培训教程

初级

辜井　曹阳　主编

江苏省家庭服务业协会　组织编写

南京出版传媒集团
南京出版社

图书在版编目（CIP）数据

整理收纳师培训教程. 初级 / 辜井，曹阳主编. -- 南京：南京出版社，2024.4

ISBN 978-7-5533-4102-6

Ⅰ. ①整… Ⅱ. ①辜… ②曹… Ⅲ. ①家庭生活－岗位培训－教材 Ⅳ. ①TS976.3

中国国家版本馆CIP数据核字（2023）第012831号

书　　名：整理收纳师培训教程　初级
编　　者：辜　井　曹　阳
出版发行：南京出版传媒集团
　　　　　南　京　出　版　社

社址：南京市太平门街53号　　邮编：210016
网址：http://www.njcbs.cn　　电子信箱：njcbs1988@163.com
联系电话：025-83283893、83283864（营销）　025-83112257（编务）

出 版 人：项晓宁
出 品 人：卢海鸣
责任编辑：孙前超
装帧设计：张　淼
责任印制：杨福彬

排　　版：南京新华丰制版有限公司
印　　刷：南京大贺开心印商务印刷有限公司
开　　本：787 毫米 × 1092 毫米　1/16
印　　张：12
字　　数：190千
版　　次：2024年4月第 1 版
印　　次：2024年4月第 1 次印刷
书　　号：ISBN 978-7-5533-4102-6
定　　价：50.00 元

用微信或京东APP扫码购书

用淘宝APP扫码购书

编　委　会

本书主编　辜　井　曹　阳

插　　图　朱真寅

组织编写　江苏省家庭服务业协会

支持单位

宿迁市家庭服务业协会

江阴市家庭服务业协会

江苏好苏嫂职业培训学校

无锡市弘成伟业职业培训学校

宿迁市金城职业培训学校

苏州市吴江区生生为美社会工作服务中心

盐城市滨海县桥缘家政职业培训学校

镇江南徐中天家政服务有限公司

东台市好苏嫂职业培训学校

盐城市东台东亭家政服务有限责任公司

射阳县家政服务中心有限公司

前 言

PREFACE

随着社会经济的发展，人们对生活品质的追求也越来越高，对家政服务的需求更趋向于专业化，精细化和规范化，驱动了家政服务业蓬勃发展。近年来，政府陆续出台一系列政策文件积极推动家政服务业提质扩容高质量发展，明确提出要健全有利于更充分更高质量就业的促进机制，提高从业人员的职业技能水平，完善重点群体就业支持体系。2019 年《国务院办公厅关于促进家政服务业提质扩容的意见》提出要采取综合支持措施，提高家政从业人员素质，包括支持院校增设一批家政服务相关专业，以市场为导向培育一批产教融合型家政企业，加大岗前培训和“回炉”培训工作力度等。

家政培训用书是家政培训中不可缺少的基本材料，家政培训用书的开发是培训体系建设中重要的基础支撑，也为评价体系建设和服务能力测评提供了极其重要的参考依据。编制完整的家政技能培训用书，目的是帮助广大家政培训老师提供教学依据并实现教学目标，帮助广大家政从业人员树立正确的职业道德观并熟练掌握技能知识，用高质量的能力水平和职业素养服务好千家万户。

为了提升广大家政行业从业者的职业技能水平，充分发挥家政技能培训在推进家政服务业高质量稳步发展过程中的重要支撑作用，建立完善江苏省家政行业教育培训体系建设，加快家政行业技术工人和高技能人才队伍建设，促进全省家政服务业提质扩容发展，江苏省家庭服务业协会组织相关院校、社会组织及家政企业的专家学者，共同开发编撰江苏省家政服务员职业（工种）技能培训教程系列用书。

2019 年 7 月经江苏省人力资源和社会保障厅评估备案，江苏省家庭服务业协会成为首批全省家政服务员职业技能等级认定第三方评价机构。在省职业技能鉴定中心和各市职业技能鉴定管理部门的业务指导下，我会在持续规范开展认定评价工作的同时，组织开发了江苏省家政服务员职业（工种）题库，逐步建立完善规范的评价流程、认定管理体系、技术资源开发体系，拥有了一批行业尖端前沿的精英人才，为家政教程的编写和课程建设提供了人才智库。

江苏省家政服务员职业（工种）技能培训教程系列用书，按照国家职业标准的要求和家政服务市场需求分为两类：一类为职业类培训用书，即家政服务员职业（工种）包括家务服务、母婴护理、家庭照护和整理收纳类培训用书，培训用书按技能等级分为初级、中级、高级、技师等；另一类为专项类培训用书，即根据家政行业市场服务需求旺盛、理论和专业技术水平相对成熟，长期被行业认可尚未列入国家职业目录的服务项目，包括病患护理、小儿推拿、产后康复、催乳师等，培训用书按星级服务能力测评编写。

《整理收纳师培训教程》分为初级、中级、高级共三本，该套是江苏省家政服务员职业（工种）技能培训教程系列用书中一个工种培训用书，该套书的编写工作积极贯彻新发展理念，紧紧围绕终身职业培训制度，以提高家政从业人员技能水平和职业素养、建立完善家政行业教育培训体系建设为目标。教程的编写工作既要做到全面性也要有针对性，既要具备系统性也要有实效性。

因时间仓促，教程编写难免存在不尽人意之处，敬请广大读者批评指正，并提出宝贵意见，助力编写工作不断修正、改进和完善。

江苏省家庭服务业协会

2023 年 12 月 5 日

目　录

CONTENS

第一章　职业道德与守则

第一节　职业道德

随着我国社会经济高速发展，人民生活水平不断提高，整理收纳服务需求逐渐增多，为满足人民群众日益增长的整理收纳服务需求，提高整理收纳服务人员的职业道德和职业修养势在必行。目前，适应人们生活现代化、人口老龄化、家庭小型化、服务社会化的整理收纳服务工作逐步显现，受到广大人民群众的欢迎和认可。整理收纳服务行业已经成为现代服务业的重要组成部分，是朝阳产业，整理收纳师职业的社会地位随之提高，受人尊重与需要。

职业道德是社会道德体系的重要组成部分，是高度社会化的角色道德，既有社会道德的一般作用，也有职业自身的特殊作用。职业道德是与本行业的社会地位、功能、权利和义务相一致的道德准则和行为规范，并要求每名从业人员遵守奉行的道德准则。

一、职业道德概述

俗话说："没有规矩，不成方圆。"在社会生活中，如果没有行为的规矩，没有一定的规则和秩序，社会就会陷入无秩序的混乱之中，遵守规则是人类社会生活能够正常进行的前提和保证。道德，是调节个人与自我、他人、社会和自然界的行为规范的总和，是靠社会舆论、传统习惯、教育和内心信念来维持的。实质是调解各种矛盾的准则。社会主义道德建设，以为人民服务为核心，以集体主义为原则，以爱祖国、爱社会主义、爱劳动、爱科学、爱人民为基本要求，以社会公德、职业道德、家庭美德为着力点。其中，职业道德，是每个从事职业的人，在工作或劳动过程中应该遵循的，与其职业活动紧密联系的道德规范的总和。应树立良好的职业道德，加强职业道德建设，规范从事整理收纳服务业人员的职业道德行为，提高从事整理收纳服务业人员素质。因此，必须以整理收纳服务业的职业道德作为服务工作人员提高职业素质的内在要求，要从内心自觉地树立整理收纳服务从业人员的职业道德观念和规范自身的职业道德行为。

职业道德原则上是一时一刻也不能松懈的，从业者应时时刻刻检查自己的行为，一个有职业道德的人在独自一人，无人监督时，也会小心谨慎地完成自己的工作。现在依然提倡“慎独”，是重在自律，即在道德上自我约束。“慎独”既是加强职业道德修养的行之有效的重要方法和途径，也是一种崇高的思想道德境界。既然选择了从事整理收纳师这个职业，就要摆正自己的位置，热爱整理收纳服务事业。俗话说，三百六十行，行行出状元，整理收纳师通过努力，在平凡的岗位上同样能做出成绩，取得成功，只有热爱本身的工作，尊重自己的职业，才能献身于整理收纳服务业的建设发展，才会全身心地投入事业当中去，发挥自己的才能，为社会进步做出自己应有的贡献，从而实现自身的社会价值。

（1）了解社会主义职业道德的基本规范和社会主义职业道德修养的内容，深刻理解社会主义职业道德建设和社会主义荣辱观教育的重要性和必要性，结合实际，树立正确的职业道德信念，自觉提高职业道德修养，逐步养成良好的职业行为和习惯，把自己锻炼成为一个具有良好社会主义职业道德的人。

（2）进一步增强责任感，明了工作职责和工作任务，增强本职工作的使命感，从而树立为他人服务的思想。强化遵纪守法意识，进一步提高政治思想觉悟，进一步增强组织纪律观念和自我约束能力。而深刻领会学习职业道德的重要性和必要性，增强搞好本职工作的信心，也是一次加强自身道德修养，提高自身职业道德素质难得的学习机会。

（3）更加热爱本职工作，树立搞好本职工作的信心。随着市场经济的发展和经济全球化进程的加快，整理收纳服务业的建设发展对专业性和技术性的要求越来越高，整理收纳服务从业工作人员要想生存和发展，就要不断学习，使自己的知识不断更新，同时要遵守整理收纳服务业的职业道德行为，不断学习提高整理收纳服务职业技能，在自己的工作岗位自觉树立行业的良好形象，做到爱岗敬业，干一行，爱一行。

在今后工作当中，整理收纳师应把职业道德行为规范牢固树立起来、自觉践行开来，一定要把职业道德行为规范和社会主义荣辱观作为自己思想道德建设的核心内容，贯穿于实践工作和生活中，体现在经济社会生活的各个方面，把社会主义荣辱观当作社会风尚的一面旗帜；树立和践行社会主义荣辱观，以身作则，努力做社会主义荣辱观的模范实践者和积极推动者；在平凡的岗位上勤奋工作，以一流的标准创一流的业绩，为事业奋斗终身。

二、职业道德基本规范

职业道德的基本规范：爱岗敬业、诚实守信、办事公道、服务群众、奉献社会。

1. 爱岗敬业

爱岗敬业，反映的是从业人员热爱自己的工作岗位，尊重自己所从事的职业，勤奋努力，尽职尽责。这是社会主义职业道德的最基本要求。

2. 诚实守信

诚实守信，既是做人的准则，也是对从业者的道德要求，即从业者在职业活动中应该诚实劳动，合法经营，信守承诺，讲求信誉。

3. 办事公道

办事公道，就是要求从业人员在职业活动中做到公平、公正，不谋私利，不徇私情，不以权损公，不以私害民，不假公济私。

4. 服务群众

服务群众，就是在职业活动中一切从群众的利益出发，为群众着想，为群众办事，为群众提供高质量的服务。当个人利益与集体利益发生冲突时，以集体利益为主。

5. 奉献社会

奉献社会，就是要求从业人员在自己的工作岗位上树立奉献社会的职业精神，并通过兢兢业业的工作，自觉为社会和他人做贡献。这是社会主义职业道德的本质特征。

三、职业道德作用

职业道德是社会道德体系的重要组成部分，具有自身的特殊作用，具体表现在以下 3 个方面：

1. 调节职业交往中从业人员内部以及从业人员与服务对象间的关系

职业道德的基本职能是调节职能，一方面，可以调节从业人员内部的关系，规范约束从业人员的行为，促进从业人员的团结与合作。另一方面，职业道德又可以调节从业人员和服务对象之间的关系，约束从业人员认真负责，诚实守信，保证服务质量。

2. 有助于维护和提高本行业的信誉

各行有各行的形象、信用和声誉，服务从业人员的职业道德水平不高，很难为服务对象提供高质量的服务。服务从业人员具有较高的职业道德水平是服务质量的有效保证。

3. 促进行业的发展

行业、企业的发展有赖于高的经济效益，而高的经济效益源于高的员工素质。员工素质包含知识、能力、责任心三个方面，其中责任心是最重要的。而职业道德水平高的从业人员具有较强的责任心，因此，职业道德能促进本行业的发展。

第二节　职业守则

一、职业守则定义

所谓职业，就是指社会赋予每个人的使命和责任；所谓“职业人”，就是指愿意并能够完成使命、承担责任的人。要做一个有魅力的、受人欢迎的职业人，要求我们必须正确认识自己，知道自己的缺点和不足，明确自己努力的方向。不能正确认识自己的人，无法全面客观地评价自己，也无法规划自己的职场人生。

任何一项职业都有其特定的职业标准，有需要遵守的基本规范要求，职业守则是指某一类职业人群共同遵守的行为准则。

二、整理收纳师职业守则的主要内容

整理收纳师职业守则是广大从业人员工作过程中应自觉遵守的规则，是整理收纳服务从业者应共同遵守的职业准则。整理收纳师职业守则的主要内容有遵纪守法、诚实守信、爱岗敬业、主动服务、尊老爱幼、谦恭礼让、崇尚公德、不涉家私。它是广大整理收纳服务从业人员工作行为的指南。

1. 遵纪守法

遵纪守法就是遵守各项规章制度和法律法规，认真履行岗位职责和行为规范。遵纪守法是整理收纳服务人员的责任和义务，包括遵守国家各项法律、法规，遵守社会公德和行为规范，遵守公司的各项规章制度和雇主的有关要求，维护公司与雇主的合法权益。在整理收纳服务行业中，遵纪守法主要体现在按规章制度办事，不损害整理收纳服务企业和雇主的利益，积极维护个人声誉，敢于抵制各种

违法乱纪行为。国家法律法规和职业道德是不同的两个社会范畴，其本质是一致的，二者之间相互作用，相互联系，相互渗透，相辅相成。

2. 诚实守信

诚实守信是每名整理收纳师应有的美德，它要求整理收纳服务从业人员：老老实实做人，踏踏实实做事，扎扎实实工作；讲实话、用实力、办实事、求实效；不弄虚作假，不偷工减料，不贪小便宜；说话实事求是，做不到的事情不能夸口；遇到困难或犯了错误，能如实地汇报情况，不隐瞒、不欺骗，努力建立起和雇主之间的信任关系。

3. 爱岗敬业

爱岗敬业作为基本的职业道德规范，是对人们工作态度的一种普遍要求，爱岗敬业就是要用认真负责的态度对待自己的工作。爱岗要求整理收纳师热爱自己的工作岗位，干一行爱一行，专研岗位技能；敬业要求整理收纳师以极端负责的工作态度对待自己的本职工作，勤勤恳恳、兢兢业业、忠于职守、尽职尽责。要尊敬用户，用心为用户着想，做好用户价值。要能够尽自己所能为雇主服务，认认真真地做好每一项工作，办好每一件事情。

4. 主动服务

主动服务是指在服务过程中能主动为雇主考虑，根据雇主的需求、喜好和习惯调整自己的工作方式，提供令人满意的服务。整理收纳师还要有主动学习的意识，不断提高自己的服务水平。主动服务是整理收纳师必备的职业素养。

5. 尊老爱幼

尊老爱幼是中华民族的传统美德，尊老指的是尊敬长辈，爱幼即爱护晚辈。

整理收纳师对任何人都要友善热情、表示尊重，为老人和孩子服务时需要格外细心。我国社会已经进入人口老龄化阶段，老年人对整理收纳服务的需求越来越多，而且当前老年人在文化素质、经济条件均有很大提高的情况下，对整理收纳服务的质量要求也越来越高。要能够根据老人和孩子的特殊条件，为他们提供周到的服务。很多家庭都有老人和孩子，整理收纳师进入家庭是为家庭生活服务的，在服务老年人家庭时，要承担替其儿女尽孝的责任，这要求每名整理收纳师要有一份孝心、爱心，才能让家庭放心。

6. 谦恭礼让

谦恭礼让是做好整理收纳服务工作的前提。谦恭礼让就是要平等对待雇主家庭的所有成员，对待身体不好、说话或行动有困难的人也应同等尊重，不应有偏见和歧视，更不能因为这些原因在服务质量上打折扣。谦恭礼让就是在人际交往中有谦虚的态度，尊重别人，对人恭敬，懂得礼貌，懂得谦让。整理收纳师进入雇主家庭之后，对待家庭成员应热情友好，服务态度和蔼可亲，对工作尽心尽力、忠诚本分，尊重雇主，以得到雇主的认可与信任，这是做好整理收纳服务工作的基础。谦恭礼让、尊重雇主可换来雇主对整理收纳师的尊重，和蔼可亲会使家庭成员增加对整理收纳师的亲切感，热情友好将增进整理收纳师与被服务家庭成员的友谊，忠诚本分会增加被服务家庭成员对整理收纳师的可信任感。整理收纳师在整理收纳服务过程中充分发挥和展现这些优秀品质，就一定能提升服务质量，提高服务满意度。

7. 崇尚公德

维护社会公德，是作为国家公民应尽的义务。整理收纳师也一样，应自觉保守国家机密，爱护公共财产，遵守劳动纪律和公共秩序，遵守社会公德。社会公德是社会生活中最简单、最起码、最普通的行为准则，是全体公民在社会交往和公共生活中都应该遵循的行为准则。《新时代公民道德建设实施纲要》用“文明礼貌、助人为乐、爱护公物、保护环境、遵纪守法”二十个字，对社会公德的主要内容和要求做了明确规范。整理收纳师是社会的一员，理应遵守社会公德，在工作中要时时提醒自己举止文明、与人为善。

8. 不涉家私

整理收纳师在雇主家庭中要做好职责范围内的工作，但不能介入雇主的家庭生活，要保护雇主的隐私，不探听、不泄露雇主的个人信息。家是每个家庭避风的港湾，是每天生活的重要领地，整理收纳师进入雇主家工作，为雇主及其家庭成员提供服务，对雇主家的情况会有些了解。整理收纳师对家庭中不需要自己知道的事，应做到不闻不问，在家中独处时，不应出于好奇随意乱翻雇主家中的物品，更不应将家中物品据为己有。尊重雇主隐私，不把雇主家里的隐私张扬出去，是每名整理收纳师应有的道德素养。整理收纳师进入雇主家后，一定要尊重该家庭和家庭成员个人的隐私权和财产私有权。同时，整理收纳师还要注意不参与雇主家的内部事务，当遇到雇主家庭有内部矛盾时，要保持清醒的头脑，不介入，不为双方的过激言行做旁证，必要时可做些劝解工作，缓解矛盾，积极促进家庭和睦。

三、职业道德的基本内容

整理收纳师的职业道德标准着重强调了整理收纳师的尊重与独立性，包括对物品、对客户、对同行的尊重，并要求整理收纳师在服务客户过程中，不得因经济利益、关联关系等任何利害关系影响其客观、公正的立场，为规范整理收纳师上门服务迈出了重要一步，也为本行业的良好信誉打下了重要基础。

1. 适用范围的有限性

每种职业都担负着一种特定的职业责任和职业义务。由于各种职业的职业责任和义务不同，各自职业道德的具体规范也不同。对于整理收纳师的职业道德而言，有着特定的与从事工作内容相结合的具体规范，需要重点关注。

2. 发展的历史继承性

职业具有不断发展和世代延续的特征，不仅其技术世代延续，其管理员工的方法、与服务对象打交道的方法，也有一定历史继承性。

要深入了解整理收纳师的职业道德，就要向前追溯整理收纳在我国乃至世界背景上的发展史，才能理解今日职业道德为何如此，与哪些理念、规则相关。

3. 表达形式多种多样

由于各种职业道德的要求都较为具体、细致，因此其表达形式多种多样。

4. 强烈的纪律性

纪律也是一种行为规范，但它是介于法律和道德之间的一种特殊的规范。它既要求人们能自觉遵守，又带有一定的强制性。就前者而言，它具有道德色彩，就后者而言，又带有一定的法律色彩。就是说，一方面遵守纪律是一种美德，另一方面，遵守纪律又带有强制性，具有法令性的要求。

5. 不索取、不接受、不擅自拿取客户财物

牢记职业守则的内容，对整理收纳工作秉持热爱、坚定奉献的信念，刻苦钻研业务，提高技能，提高素质，遵守律规，以人为本，与服务对象建立良好关系。

6. 谨言慎行

对待工作范围外的事做到不卑不亢，说话有理有据，不宜用主观想法来看待事情，严格保护客户信息及隐私，在未经允许的情况下不使用、不泄露客户的隐私与秘密。

7. 团结协作

工作生活中互帮互助，在工作中遇到客户提出不同的收纳要求时，可与同伴商量，对不合理要求应严格拒绝。

8. 尊重他人知识产权，引用相关信息时需征得同意并注明出处

整理收纳师需要有高尚的职业操守，若不遵守职业道德，往往会受到雇主的投诉、同行的厌恶与行业的摒弃，严重的还会受到法律的惩罚。

四、整理收纳师的职业特点

整理收纳师的职业特点有以下几个方面：

（1）整理收纳师是一种专业人员，专门协助客户对家庭、办公室或其他场所中杂乱的物品进行重新组织，以提高储物效率和运营效率。

（2）通过组织技能将各种物品进行分类、组织和归纳，需要倾听客户的需求，了解他们的组织方式，并与客户建立良好的合作关系。

（3）整理收纳师常常需要设计创新性的解决方案，以适应客户的不同需求或者解决储物空间缺乏的问题。需要了解不同的资源，包括不同储物柜的种类、收纳产品和储物空间最大化的方法等。

（4）对客户场所进行实地勘察，并且评估和开发最优的储物空间。也需要指导客户，提供收纳标准和流程，教授如何将物品组织起来。同时整理收纳师一般需要自己宣传自己的服务，并且寻找新客户。

五、整理收纳师的职业范围

整理收纳师的职业范围非常广泛，几乎涉及任何一个需要组织、分类、整理和系统化管理物品的场所。

在家庭，整理收纳师帮助家庭整理各种家居用品，包括厨房、卫生间、卧室、客厅、车库、储藏室等。

在企业办公室，整理收纳师协助各种类型的公司、组织，整理档案、文件、办公用品等，提高办公效率和整体形象。

在租赁公寓房屋，整理收纳师帮助租赁房屋主整理家中物品，更好地利用空间，为房屋管理或交接提供帮助，有时也会提供打包整理等服务。

在学校和幼儿园，整理收纳师帮助学校和幼儿园整理教室、卫生间、图书馆、储藏室以及边角文化氛围布置等，创造更好的教育和学习环境。

在商店和库房，整理收纳师帮助店主、业主和员工整理商店区域、商品库存等，以分区分类的方式优化销售和库存管理。

第二章　基础知识

第一节　整理与收纳常识

一、整理常识

整理物品是指通过对物品进行分类、清理和组织，使其更加有条理和易于使用的过程。这通常包括对不需要的物品进行丢弃、捐赠或销售，对需要保留的物品进行整理和储存，以及为不常用的物品提供储存空间。整理物品可以帮助人们更有效地管理物品，并创造一个更有条理和更加舒适的生活环境；也可以帮助人们更好地理解他们所拥有的东西，并使其更加自信和清晰地面对自己的生活。

分类整理：将物品分成不同的类别，如“保留”“捐赠”“丢弃”等，以便更有效地进行整理；对于仍然需要的物品，可以通过柜子、抽屉、储物箱等来归纳和整理；对于不再需要的物品，可以帮助捐赠或出售；不能捐赠或出售的损坏或无用的物品，应该丢弃掉。

整理是一个长期工作：定期检查和整理物品，确保物品的保留和分类符合实际需求；同时也应尽可能避免收集过多的物品，以避免不必要的堆积和混乱。

二、收纳常识

收纳物品是指通过储藏、保护和组织物品，使它们更好地整齐排放，易于使用的过程，包括使用储物箱、收纳袋、收纳篮、书架、抽屉、橱柜等储藏装置，将物品按类别或使用频率整齐地储存和组织起来。收纳物品的过程可以帮助人们更有效地使用和管理物品，使其更易于寻找和取拿。收纳物品是整理物品过程的一部分，通过整理和收纳物品，人们可以创造一个更加舒适和组织良好的家居生活空间。包括：

1. 分类

需要将物品按照不同类别进行分组，如衣服、文具、书籍等。然后为每个类别分配一个合适的收纳空间。

2. 精简物品

在收纳物品前，筛选出那些不需要的或者已经过期的物品进行彻底清理。

3. 使用收纳盒

收纳盒能够有效地利用空间，同时保护物品不被灰尘、水、虫子等因素侵害。将相似的物品放在同一个收纳盒内，方便寻找。

4. 标记有用信息

在每个收纳盒上贴上标签，标记清晰有用的信息，如物品名称、类别、收纳日期等，这样可以方便快速地找到需要的物品。

5. 放置地点的选择

物品的储放地点需要根据物品的种类和大小进行选择，例如，储藏室、柜子、抽屉有不同的储放要求。储物室等存放物品的地方应标识有明显的区分，避免物品混杂。

6. 维护整洁

要经常清理收纳盒和对物品进行检查，并固定一个时间进行整理。避免存放重量过重的物品，收纳盒的数量和垒放高度也要控制，避免出现安全隐患和取拿不方便。

三、物品管理常识

物品管理是指对个人或组织拥有的物品进行有效管理的过程，物品管理需要注意分类存放、标识清晰、定期清理、维护保养、安全保护、盘点管理和使用规范等方面，以确保物品管理的有效性和高效性。避免管理不清晰、地点不明确。

1. 建立清单

建立一个电子物品清单，可以帮助人们知道所有的物品，并追踪它们的使用或丢失情况。

2. 分类

按照不同的类型或用途，将物品进行分类。这将更容易找到需要的物品，并且可以避免物品交叉摆放造成混乱。在物品上贴上标签或标记，注明物品名称、用途和来源等信息是较为常见的方法。

3. 定期进行检查

定期检查物品是否有损坏或过期的。如果有过期或损坏的物品，应选择处理或丢弃，并对物品进行日期管理，例如，在瓶身贴上内容物的过期时间。

四、收纳工具常识

收纳工具是指用于将物品整理、分类、储存或保护的各种设备或用具。它在生活中应用的场景很多，可以帮助不好利用的环境更好地管理和利用空间，常用的收纳工具如下：

1. 储物盒

可以用不同大小的储物盒来收纳物品，有效地利用空间并且便于存储。如一些物品储放太高或辨识度不高可以选购透明塑料的储物盒子，以方便能看见找到需要的物品。

储物盒

2. 衣架和衣物袋

使用衣架可以将衣服悬挂起来，节省空间。而衣物袋可以将季节性的衣物储存起来，防止灰尘、虫子等污染，对衣物起到保护作用。

衣架

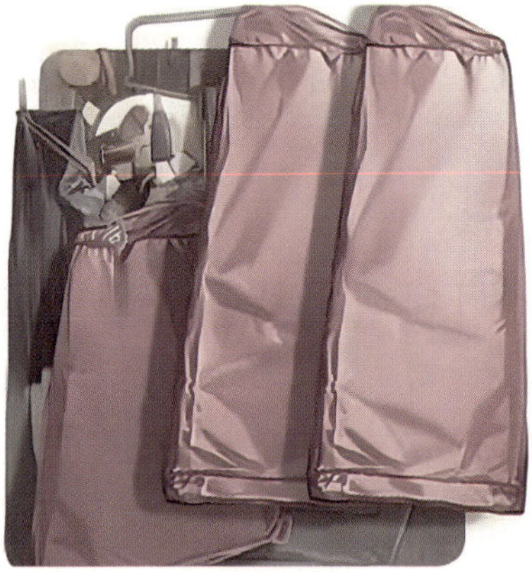

防尘衣袋

3. 收纳箱和收纳篮

收纳箱和收纳篮是非常实用的收纳工具，用在很多地方，如卧室、客厅、书房等。可以用来收纳书、杂志、玩具等物品，让居室更加整洁有序，具有集零为整的功能。

收纳箱

收纳篮

4. 抽屉隔层

抽屉隔层是分隔空间的收纳工具之一。它能够让你把抽屉中的物品分门别类，是属于精细化管理物品的一种方式，除了整齐好找、提供便捷，也很美观。

5. 压缩袋

压缩袋是近十年来在压缩衣物上用得比较多的工具，家庭中将被子、床单、枕头等物品压缩成更紧密的状态，从而节省储物空间。使用时需要注意定期换气或者透气，一些贵重的衣物建议不使用压缩袋，避免弹性纤维被破坏。

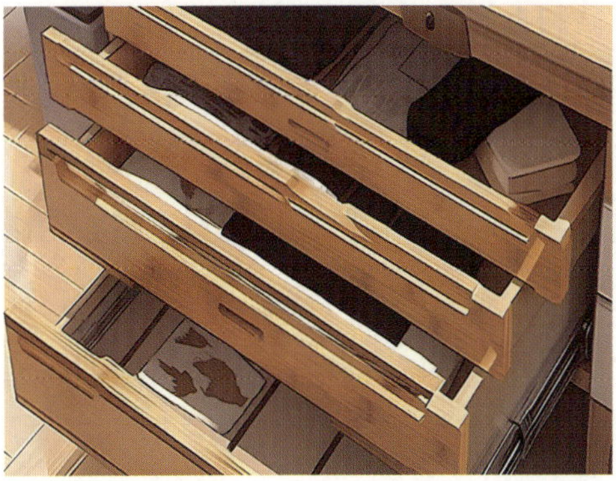
抽屉隔层

压缩袋

第二节　礼仪常识

一、言行举止与个人仪容仪表的内涵

动态的举止行为往往更能反映服务人员的内在品德、修养，因而在顾客对服务人员形象的总体感知中占据了更为重要的地位，也因此更直接地影响了服务质量。

行为举止是指服务人员的身体所呈现出来的各种姿势，是服务时表现在顾客面前的体态语。有效运用体态语，需克服自身的不良习惯，努力使之文明、礼貌、优雅、大方。整理收纳师的行为举止规范，大多与普遍规范一致，并结合自身独特的工作内容进行调整，根本要义是促成环境与行为举止的和谐，体现对客户的尊重，努力提高服务质量。

整理收纳师的服务礼仪形象是整理收纳师自身内在修养的外在体现，整理收纳师需要经常提高内在修养，在与雇主家人、同事等交往中自尊自爱、尊重他人的需要。保持良好的服务礼仪是日常交际的需要，也是整理收纳师推销自我的一种方式。

1. 行为礼仪

在雇主家工作，毛手毛脚、风风火火都是整理收纳师的大忌。整理收纳师的行为举止要做到三轻：说话轻，走路轻，操作轻。举手投足之间，都要有一种友善、合作、温柔、亲切的感觉。

（1）表情态度。人际交往过程中，表情交流是不可忽略的，在与人交流时要面带微笑，目光亲切、和蔼，并养成习惯。表情要真诚、生动，除了脸部的肌肉要活跃起来，还要有一种发自内心的真诚和自然，一般情况下，人们都不乐意与表情漠然、冷淡的人多交往。从事整理收纳服务工作，要敬业、乐业，态度要主动、亲切、耐心、周到。主动，即对雇主及其家人如同对待自己的亲友一样，语言亲切，微笑服务，处处使雇主感到温暖。耐心，即碰到问题要有忍耐心，在工作繁忙时不急躁、不厌烦，遇到雇主失礼时，不争辩、不吵架，保持冷静，婉转解释，得理让人。周到，即服务工作全面周到，细致入微，千方百计帮助雇主排忧解难。

（2）递送物品。递送物品的礼仪是整理收纳师不可忽视的。递送物品的同

时也传递着内心深处的信息。接受别人的物品要双手承接，手要表现得优雅、轻巧，不能有抓的感觉。本着把方便留给他人的原则，在传递剪刀、铅笔等尖锐的物品时，应将剪刀头和笔尖的一面朝着自己。

（3）出入大门。到雇主家，入门前应先敲门或按门铃，如门开着，也应先轻声敲门，并说："可以进来吗？"在得到准许后方可轻轻推门而入。一般生活在城市里的居民都有关门的习惯，无论是整幢楼的大门还是雇主家的家门，都要随手关门。

（4）整理物品。在进行居室整理的过程中，养成把挪动过的家具、用过的工具放归原处的习惯。桌上的纸条、报纸、花束、仪器，没有雇主吩咐，不能随便扔掉。无论雇主是否在家，整理收纳师都不要触摸与工作无关的家用电器，不擅自翻阅雇主的书报、杂志等物品，更不要拾取雇主扔掉的任何物品。

2. 婉辞与道歉礼仪

在服务过程中，整理收纳师难免会碰到无能为力的事，或不小心造成过失，面对这种情况，要学会婉辞与道歉。只要真挚诚恳，不但可以避免尴尬，弥补差错，还可以进一步融洽双方关系。

（1）道歉礼仪。责任在自己时先要承认，应该道歉的时候要马上道歉，如不小心打破了杯子，弄坏了家用电器或其他物品，应及时表示歉意，如雇主不在家，可等雇主回家说明，千万不要搪塞隐瞒。出问题时，不能对雇主说："这是按您的指示办的结果。"有些办不到的事情或是超越职责和能力范围的事情，可以表示遗憾但不一定要道歉，这是看重自己人格的表现，也是做人的原则。

（2）委婉礼仪。在日常生活中，适当的委婉不仅可以避免因针锋相对而造成的矛盾激化，还可以使矛盾缓解并得到解决。在无法满足雇主的一些要求时，可以婉言推托，但要注意技巧，不可直接用否定语，可说"很抱歉，我不会做""很遗憾，我不能帮你的忙""对不起，让你失望了""十分感谢，这番心意我领了，但是我不能接受"等婉辞语，既谢绝了对方，又让人觉得这样做是通情达理的。

（3）请假和辞职。如果有事要请假，一定要事先和雇主联系，解释困难，如果时间允许，也可写信并致歉意，不管怎样，要让雇主及时知道。迟到、早退要说明情况，不能像没事一样。如果要辞职，可向雇主说明辞职理由，态度要坦诚，表达要含蓄得当，并坚守工作岗位，直至雇主有了较为妥善的安排。不辞而别有悖职业道德，会给自己带来不良口碑，为自己今后找工作带来困难。

3. 尊重生活习惯

古人云："人各有志，不能勉强。"孔子曾反复教导他的弟子"己所不欲，勿施于人"，此语的含义是，自己所不想要的，不要强加给别人，这既是"仁"的要素之一，也是一种推己及人的恕道。不干涉别人的独立人格和精神自由，尊重别人的意愿和选择，尊重别人的活法，才是真正的尊重。

在生活中，将己之所欲施之于人，会影响家人、亲友、同事。作为整理收纳服务人员，在雇主家工作时，不可将个人生活习惯强加于雇主，更不要以对雇主好为由，强行改变雇主的生活习惯。要学会融合、学习，更好地适应新工作环境。

4. 宗教信仰

整理收纳服务人员应尊重雇主家庭的宗教信仰。

二、日常待客方法与交流的注意事项

礼仪是指人们在社会交往过程中，共同认同、遵守的语言、行为准则与规范。礼仪与道德、法律法规相互补充，共同建立了祥和的社会秩序。

整理收纳师以什么样的心态进入客户的家庭，决定着其工作的质量和效果。整理收纳服务人员经常被称为"保姆"或"佣人""阿姨"，最容易产生自卑的心理，总感到处处低人一等。应克服这种心态，培养自尊、自爱、自信、自立、自强的心理品质，只有具备良好的职业心态，才能尽快适应新的环境，表现出自己优秀的素质和职业技能。

1. 仪容仪表

悦人的仪表和潇洒的举止一直是人们所追求的，当代社会，人们对个人的礼仪更是倍加关注。从表面看，个人礼仪仅仅是人的穿着打扮、言行举止上的一些小事，但细节之处见精神，举止言谈显文化。养成遵守礼仪的习惯、展现良好的教养，也是一名职业人在职场中获得他人欣赏，进而走向成功的必备要素。

面必净，发必理，衣必整，纽必结，头宜正，肩宜平，胸宜宽，背宜直，勿傲勿怠，颜色宜和、宜静、宜庄。

整理收纳师要重视个人仪表仪容，服饰搭配协调得体，这是对别人尊重的表现。妆容发型、服饰打扮要与身份、年龄、场合、地点、职业、季节等相协调，避免盲目包装，贻笑大方。总的原则是：色彩不要太艳，香水不要太重，化妆不要过浓，指甲不宜过长，款式不要太奇，饰品不要过多，鞋跟不要太高等。对于整理收纳师，服务礼仪上需要注意以下几点：

（1）招呼礼仪。整理收纳师进出雇主家门，与雇主和其他人交往的礼仪必不可少。进门首先与女主人打招呼，然后再与其他人打招呼。与人照面时要正面对视，面带微笑，不能斜视，也不能上下打量。进门应按雇主家的生活习惯换鞋，不要东张西望，不要给雇主留下心不在焉的印象。

（2）称呼礼仪。初次见面应做自我介绍，自我介绍时应注意真实简洁，坦率自信。如："您好，我叫某某某，是某某公司委派过来的整理收纳师，您可以称呼我某某。"同时，也可以落落大方地询问别人："请问，我怎么称呼您？"如果雇主有明确的指示称呼，就按指示称呼，如张老师、李教授、王医生、赵经理等带职称和头衔的称呼；如果雇主没有明确指示，我们一般称呼某先生或某女士（或太太），一般不直呼其名。

（3）电话礼仪。电话是现代信息社会人际交往的主要通信工具，正确使用电话，讲究用电话的礼仪是每个整理收纳师必须要重视的礼节。一般在雇主家不随便使用电话，除非有急事需要联系，在征得雇主的同意后方可使用。当雇主或其他人在通话时，要根据实际情况选择"回避"，或是埋头做自己的事，或是自觉走开，千万不要侧耳"旁听"，更不要没事找事，主动插嘴，这种过度的参与意识是整理收纳师的大忌。不与无关的人在电话里闲聊，不打听别人的私事，不随便把雇主家的电话号码告诉第三者。

在雇主家，整理收纳师不要主动接听雇主家的电话，除非雇主有明确的接电话的指示。如果需要接听电话，一般在铃声响起时即停止手头工作，尽快予以接听，一般铃声响过三次就应接听电话，需要代为转告、留言时，要认真记录并复述一遍。接听电话时无论是在雇主家还是在其他场合，都应该注意不说无关紧要的事情，不大声叫嚷，不一边讲话一边吃东西。

要避免在他人休息和用餐时间拨打电话。通话前，可以把要谈话的内容列一张清单，这样通话时就不会出现边说边想、缺少条理、丢三落四的现象。通话时，语言要文明，一般问候完毕就直奔主题，不要说无关紧要的内容，应尽量把通话时间限制在3分钟以内。通话结束，应轻轻放下话筒，不能随便一扔或重重一摔，让对方有不知所措和不被尊重的感觉。

2. 行为举止

在行为举止上严以律己，一举一动，更要体现其专业度。

（1）站姿。站姿是一种基本的姿态，站姿的基本要求是“站如松”。基本要领是：头正并要有头顶上悬的感觉，双目平视，下颚微收，面带微笑；挺胸，收腹，吸腰，腹肌和臀肌要保持一定的肌紧张并前后形成夹力；髋部向上提，脚趾抓地，脚跟并拢，脚尖分开，双肩放松，双臂自然下垂；站得太累时，可自行调节，两脚微微分开，将身体重心移向左脚或右脚，但要避免僵直硬化，动感的美才是轻松而富有活力的。

（2）坐姿。坐姿是姿态中的重要部分。坐姿不仅有坐时的姿态，还有进坐和退坐时的姿态。坐姿的基本要求是“坐如钟”。进坐和退坐的过程中，视线始终是朝下的，动作要缓慢自然，一般从左侧进、退坐，女士要用手背收一下裙摆顺势坐下，坐定后腰部挺起，上体保持正直，两眼平视，双手自然地放在大腿上，或一手放在扶手上一手轻轻地搭在小手臂上；大腿要并拢，小腿可交叠，双脚可与身体垂直也可左右斜放，脸上始终保持微笑。

（3）走姿。走姿是一个人精神状态的具体体现。正确优美的走姿会使人看上去挺拔而有精神。走姿的基本要求是“行如风”。起步时背部挺直，上半身不可随意摇晃，保持平稳，目光平视，下颚微收，手臂伸直放松，手指自然弯曲，前后自然摆动。行走时，男士肩膀不要左右摇晃，女士髋部不要左右摆动，不要左顾右盼，也不要走成“内八字”和“外八字”。最美的姿态是两脚交替走在一条直线上，这样就会给人一种精神抖擞的感觉。

（4）蹲姿。蹲姿是日常生活中经常会碰到的一种姿态。蹲下来的姿势并不是让全身下蹲，除非要拿取地上的物品。蹲下时腿和核心部位都要用力，不可以让全身力量都压在小腿上。全蹲或半蹲时手要尽量贴近腰身，上身不可以倾斜得太低，臀部不可以翘得太高，穿低胸服蹲下时一手要护胸。

3. 行为准则

整理收纳师因其工作的特定环境和工作性质，特别要注意以下几点行为准则：

（1）对雇主的家庭财产安全负责，不乱翻雇主家里的物品。整理收纳服务人员要坚守职业道德，对得住雇主的信任，一举一动都要做到让雇主放心。特别是单独在家时，除积极完成工作外，更要保护好雇主的家庭财产。

（2）正确处理并化解好工作期间发生的矛盾。雇佣双方在一起整理收纳，难免会产生一些矛盾和纠纷，出现一些误解，整理收纳师也不免会受到一些委屈。哭闹解决不了问题，正确的做法是：及时解释，说清事实，分清责任，消除误会。

（3）维护与雇主的良好关系。整理收纳师在工作中会接触到不同性格的客户，与个性迥异的客户相处融洽，是整理收纳师工作内容之一。所以要求整理收纳师遇事沉着冷静，约束好自己的行为，管理好自己的情绪，掌握与不同客户相处的方法。

三、礼貌与服务“忌语”的要求

1. 语言文明

整理收纳师作为现代服务行业的践行者，首先应该要懂礼、知礼才能守礼。服务行业中，服务项目是产品，是公司价值的体现。客源是服务业的财源，是服务业生存和发展的基础，创造客源，最根本、最基础的就是提高服务质量，为客户提供全方位优质的服务，因而礼仪培训十分重要。

“三轻”：走路轻，说话轻，操作轻。

“三不计较”：不计较客户不美的语言，不计较客户急躁的态度，不计较个别客户无理的要求。

“四勤”：嘴勤，眼勤，腿勤，手勤（脑勤）。

“四不讲”：不讲粗话，不讲脏话，不讲讽刺话，不讲与服务无关的话。

“五声”：客来有迎声，客问有答声，工作失误有道歉声，受到帮助有致谢声，客人走时有送声。

六种礼貌用语：问候用语，征求用语，致歉用语，致谢用语，尊称用语，道别用语。

文明礼貌用语十一字：请，您，您好，谢谢，对不起，再见。

四种服务忌语：蔑视语，否定语，顶撞语，烦躁语。

2. 服务忌语

作为与客户频繁交流的整理收纳师，明确服务禁忌用语十分重要。

（1）忌争辩。在与客户沟通时，时刻不要忘记自己的职业、身份。与客户争辩解决不了任何问题，只会招致客户的反感。即使是自己占了上风，赢得了胜利，把客户驳得哑口无言、体无完肤，但却会失去客户、丢掉生意。忌语如“明明就是你不对”“用不起就别用”。

（2）忌质问。与客户沟通时，要理解并尊重客户的思想与观点，切不可采取质问的方式与客户谈话。用质问或者审讯的语气与客户谈话，是不懂礼貌、不尊重人的表现，是最伤害客户的感情和自尊心的行为。忌语如 “我不是跟你说得很清楚了吗”“你问我，我问谁”。

（3）忌命令。在与顾客交谈时，展露一点微笑，态度和蔼一点，说话轻声一点，语气柔和一点，要用征询、协商或者请教的语气与顾客交流，切不可用取命令和批示的语吻与人交谈。整理收纳师是来提供服务和帮助的，不是客户的领导和上级，无权对客户指手画脚，下命令或下指示。

（4）忌炫耀。当与客户沟通谈到自己时，要实事求是地介绍自己，稍加赞美即可，万万不可忘乎所以、得意忘形地自吹自擂、自我炫耀自己的身份地位以及业绩和收入等。这样就会人为地造成双方的隔阂和距离。

（5）忌直白。在与客户沟通时，如果发现他在整理收纳方法或生活习惯上有不妥的地方，也不要直截了当地指出，有些客户最忌讳在家人或服务人员面前丢脸、难堪。一定要看交谈的对象，做到言之有物，因人施语，要把握谈话的技巧、沟通的艺术，委婉忠告。与人交谈时要多用感谢词、赞美语，要多言赞美，少说批评，要掌握赞美的尺度和批评的分寸，要巧妙批评，旁敲侧击。

（6）忌专业话术。在服务客户时，一定不要用专业术语，而是使用通俗易懂的语言来说明介绍，这样既能让客户了解清楚服务内容或产品，又能平易近人，赢得客户的好感。

四、建立良好家庭人际关系的重要性

整理收纳师帮助建立良好家庭人际关系的重要性不容忽视。与客户建立良好的人际关系，可以增进信任、促进沟通、增强合作、促进家庭和谐，从而更好地为客户提供服务，提高客户的满意度和家庭成员的幸福感。

1. 增进信任

整理收纳师通过与客户建立良好的人际关系，可以增进客户对自己的信任，从而更好地为客户提供服务。

2. 促进沟通

整理收纳师通过与客户建立良好的人际关系，可以促进双方的沟通，更好地了解客户的需求和意见，从而更好地为客户提供服务。

3. 增强合作

整理收纳师通过与客户建立良好的人际关系，可以增强双方之间的合作，更好地完成整理收纳工作，从而提高客户的满意度。

4. 促进家庭和谐

整理收纳师通过帮助客户整理家庭物品，可以促进家庭和谐，减少家庭内部的矛盾和冲突，从而提高家庭成员的幸福感和生活质量。

五、整理收纳师择业与就业技术方法

应该先就业，再择业。只有先就业了，离开了自己封闭的小圈子，接触到不同的信息，才可能有更好的选择。所以认真对待每一份工作，把它做好，甚至做得更好。也只有在物质条件满足的情况下才能进行下一步选择。大多数人第一次就业，都不是自己喜欢的工作。在这种情况下，让自己出色地完成当下的工作，才会有更好的运气，当机会来临时，才能够把握住，成就自己。

如何树立正确的择业观，是每一个人都在面临的，不管是即将步入社会的学子，或是已经走上工作岗位的职场人士，还是面临再就业的人们。每个人的世界观、人生观、价值观在就业中反映出来，职业的选择无论对个人、家庭还是社会的发展，都具有十分重要的作用。因此，树立正确的择业观，我们要做到以下几点：

1. 找准自己的职业定位

在择业前应该对自己有一个正确的认识和评价，能够根据自己的身体素质、兴趣爱好、谈吐气质、性格特点及综合能力等方面因素把自己放在最合适的位置上。

2. 转变就业观念，重视行业内的就业机会

转变就业观念是社会的需要，也是我国社会快速发展的要求。在人口老龄化、人们生活追求高质量的情况下，专业的整理收纳师成为稀缺人才。

3. 树立正确的就业价值观，确立职业目标

人类幸福指数是社会发展的目标和需要。因此，每个人择业时务必先考虑职业对社会的价值，再考虑个人价值的实现，做到两者相结合。

所谓择业，就是择业者根据自己的职业理想和能力，从社会各种职业中选择

其中的一种作为自己从事职业的过程。任何已具备劳动能力的人，都要进入社会选择特定的职业。在职业选择过程中，择业者不仅要考虑到个人的需要、兴趣、能力等因素，还要考虑社会发展的需要。

人们在就业的过程中，都希望能获得一份可以较好满足物质生活和精神生活需求的职业。但是必须认识到，择业期望值如果脱离现实而一味拔高，就有可能导致择业的失败。也就是说，一个人择业期望值的高低将关系到其择业目标能否实现。如果把握不好，难免走入择业的误区。正确把握择业期望值，要注意以下三个方面，防范出现择业期望值过高或过低的倾向。

一是防范脱离现实需要和自身能力。在择业过程中，有的人择业期望值过高，与社会需求有较大差距，存在"宁可失业在城市，不愿就业在基层"的现象；如果不顾自身条件的限制，眼睛只盯着"好地方""好单位""好工作"，至于自己能否胜任、是否适合自己、能不能有所发展都缺乏考虑。其结果往往是自己陷入两种困境：一种是由于期望值超出现实太多而使择业屡屡失败；另一种是侥幸获胜，但因自身能力不及、工作无法胜任而处于被动。

二是防范过于追求物质利益。随着市场经济的发展，一种职业的社会声望越来越多地与经济收入状况联系在一起，这一社会现实对就业人员的选择产生了较大影响。一部分人为了物质利益，只从收入高、待遇好的角度去考虑职业选择，不惜放弃自己的兴趣爱好和思想抱负。几年后，物质生活虽然不错了，但自己的精神并不愉悦，工作的动力和激情在锐减，很快就进入了职业危机期。

三是防范盲目消极择业。由于就业压力剧增，部分人就抱着不管工作好坏，先随便找份工作安顿下来，以后再慢慢挑的思想，没有远大正确的抱负。择业期望值过低会造成到处打短工，频繁变换工作岗位。这样的盲目就业行为对自身今后的发展十分不利，表面上好像是学了不少东西，可是一样也不精；没有一技之长，今后也很难找到一份自己满意的工作。

正确的择业期望值不是一下子就能确定的，通常可采取"分步达标"和"自我调整"的办法来不断调整择业的期望值，使其达到最佳。

六、树立正确的服务意识与健康的职业心态的意义

树立正确的服务意识和健康的职业心态对于个人和组织都具有重要的意义，可以改善服务质量、提高工作效率、增强团队凝聚力、促进个人成长和组织发展。

1. 改善服务质量

正确的服务意识和健康的职业心态可以帮助个人更好地理解和满足客户需求，改善服务质量，增强客户满意度，从而提升个人和组织的声誉和竞争力。

2. 提高工作效率

正确的服务意识和健康的职业心态可以帮助个人更好地理解和执行工作任务，提高工作效率，减少错误和重复工作，从而提升个人和组织的工作效率和生产力。

3. 增强团队凝聚力

正确的服务意识和健康的职业心态可以帮助个人更好地与同事协作，增强团队凝聚力，提高团队合作效率，从而提升个人和组织的团队协作能力和绩效。

4. 促进个人成长

正确的服务意识和健康的职业心态可以帮助个人不断学习和成长，增强自身素质和能力，从而实现个人价值和职业发展。

5. 促进组织发展

正确的服务意识和健康的职业心态可以帮助组织建立良好的企业文化和品牌形象，提高组织的社会责任感和公信力，从而促进组织的可持续发展。

七、整理收纳师日常工作与生活注意事项

整理收纳师是一种专业的职业，主要负责帮助客户整理、清理、收纳家庭或办公室中的物品，使其更加整洁、有序、美观。整理收纳师需要了解客户需求、组织规划、熟悉整理收纳技巧、保护客户隐私、保持良好的职业形象、保持身体健康和不断学习和提高等，以提高整理收纳的效率和质量，为客户提供更好的服务。

1. 了解客户需求

整理收纳师需要与客户进行沟通，了解客户的需求和期望，根据客户的要求和实际情况提供专业的整理收纳方案。

2. 组织规划

整理收纳师需要根据客户的需求和实际情况，制定合理的整理收纳计划，包括分类、清理、收纳等步骤，确保整个过程有条不紊、高效顺畅。

3. 熟悉整理收纳技巧

整理收纳师需要熟悉各种整理收纳技巧和方法，如分类整理、空间规划、收

纳器具选择等，以提高整理收纳的效率和质量。

4. 保护客户隐私

整理收纳师需要保护客户的隐私，不泄露客户的个人信息和家庭情况，确保客户的安全。

5. 保持良好的职业形象

整理收纳师需要保持良好的职业形象，包括着装、言行举止等方面，以提高客户对其的信任度和满意度。

6. 保持身体健康

整理收纳师需要长时间站立、弯腰、抬重物品等，需要保持身体健康，注意休息和锻炼，避免因工作而导致身体不适。

7. 不断学习和提高

整理收纳师需要不断学习和提高自己的专业技能和知识，以适应不同客户的需求和不同的工作环境。

第三节　服务安全与卫生常识

一、安全服务常识

整理收纳师是一种专业的职业，在工作中需要注意安全服务常识，如安全防护、物品分类、安全清理、安全收纳、安全保密等方面，以保障自身和客户的人身、财产安全。以下是整理收纳师在工作中需要注意的安全服务常识。

1. 工作服务防护

（1）安全防护：整理收纳师在工作中需要注意安全防护，如佩戴手套、口罩等防护用品，避免受到物品划伤、磕碰等伤害。

（2）物品分类：整理收纳师在整理物品时，需要将物品分类，如化学品、电器、易碎品等，避免不同种类的物品混放，导致安全隐患。

（3）安全清理：整理收纳师在清理物品时，需要注意安全，如清理化学品、电器等危险物品时应防止出现火花、电火花等情况，避免引发火灾、爆炸等安全事故。

（4）安全收纳：整理收纳师在收纳物品时，需要选择合适的收纳器具，如具有防火、防水、防震等功能的收纳箱、袋等，避免物品受到损坏或丢失。

（5）安全保密：整理收纳师需要保护客户的隐私，不泄露客户的个人信息和家庭情况，确保客户的安全和信任。

2. 工作防护措施

（1）做到自我防护。大多数整理收纳师是女性，由于工作是在陌生、封闭的环境中进行的，有可能会遇到雇主的虐待和男性雇主的性骚扰而造成人身伤害，因此要求整理收纳师做好自我防护，保持清醒的头脑，要有强烈的自我保护意识和愿望，保证自身的安全。

（2）防范的思想意识不放松，提高辨识力，不贪图小便宜。对雇主的无故示好、馈赠要婉言谢绝，发现雇主对自己不怀好意、图谋不轨，应及时妥善处理，主动提出辞职，以保护自己的合法权益不受到侵害。

（3）用法律保护自己。面对违法犯罪分子的纠缠和不理智行为，千万不要怕，不惧威胁、讹诈和要挟，不怕打击报复。当今社会是法治社会，要学会用法律武器保护好自己，要严厉拒绝、大胆反抗。遇事要走法律程序，注意取证，不能“私了”，不让犯罪分子得寸进尺，无休止地伤害自己。

（4）端正自己的行为，明示自己的态度。自尊、自爱、自强，端正自己的行为规范，让坏人无机可乘。遇到突发事件及时亮明自己的态度，往往会打消对方的念头，停止不良企图。态度不能暧昧、模糊不清，这样会给对方纠缠的机会和借口，增加伤害自己的概率。明确态度保护好自己，冷静机智处理突发事件。

（5）学习强身健体的防身术，有利于提高自身防范能力。整理收纳师多为女性，学习女子防身术一方面可以健身，另一方面也可以保护自身不受伤害，在遇到不测时，袭击对方要害部位，即使不能完全制服对方，也可以制造逃跑的机会，有利于脱离险境。在受到伤害时，要注意找机会在犯罪分子身上留下印记或痕迹，方便警察在追查、办案和指认犯罪分子时作为证据。

二、安全救护常识

整理收纳师在工作中，可能会遇到一些突发情况，如意外受伤、突发疾病等，需要掌握一些安全救护常识，以保障自身和客户的安全。在工作中，整理收纳师需要注意个人安全防护，避免意外伤害和疾病传播，同时要了解客户家庭或办公室的安全情况，制定应急预案，以便在紧急情况下及时应对。

1. 急救常识

整理收纳师需要掌握基本的急救常识，如心肺复苏、止血、包扎等，以应对突发状况。

2. 疾病预防

整理收纳师需要注意个人卫生，避免传染疾病，如佩戴口罩、勤洗手等。

3. 紧急联系

整理收纳师需要掌握客户的紧急联系方式，如家庭电话、手机等，以便在紧急情况下及时联系客户或其家人。

4. 安全逃生

整理收纳师需要了解客户家庭或办公室的安全出口和逃生路线，以便在紧急情况下及时逃生。

5. 应急预案

整理收纳师需要制定应急预案，包括突发状况的处理方法、联系方式、逃生路线等，以便在紧急情况下迅速应对。

三、膳食卫生常识

整理收纳师需要掌握一些膳食卫生常识，以保障自身和客户的健康。在工作中，整理收纳师需要注意食品的安全和卫生，合理搭配食物，了解客户的饮食习惯，避免食品受潮、受热、受虫等问题。以下是整理收纳师需要掌握的膳食卫生常识。

1. 食品安全

整理收纳师需要注意食品的安全性，如避免食用过期食品、不合格食品等，以避免食物中毒等问题。

2. 食品卫生

整理收纳师需要注意食品的卫生，如避免食品受到污染、避免食品交叉污染等，以保障食品的卫生安全。

3. 饮食均衡

整理收纳师需要注意饮食的均衡，如合理搭配食物，避免单一食物过多，以保障身体健康。

4. 饮食习惯

整理收纳师需要了解客户的饮食习惯，如客户是否有特殊的饮食要求或禁忌，以避免因饮食问题引发的健康问题。

5. 食品储存

整理收纳师需要注意食品的储存，如避免食品受潮、受热、受虫等，以保障食品的质量和安全。

四、服务卫生常识

在工作中，整理收纳师需要注意个人卫生、客户卫生、工具卫生、环境卫生和废弃物处理，避免交叉污染和传染疾病，以保障服务的卫生安全。

1. 个人卫生

整理收纳师需要注意个人卫生，如勤洗手、佩戴口罩等，以避免传染疾病。

2. 客户卫生

整理收纳师需要注意客户的卫生，如避免接触脏物、避免交叉污染等，以保障客户的健康。

3. 工具卫生

整理收纳师需要注意工具的卫生，如避免工具受到污染、避免工具交叉污染等，以保障工具的卫生安全。

4. 废弃物处理

整理收纳师需要注意废弃物的处理，如避免废弃物受到污染、避免废弃物交叉污染等，以保障废弃物的卫生安全。

五、环境保护常识

整理收纳师需要掌握一些环境保护常识，以保护环境和自然资源。在工作中，整理收纳师需要注意节约用水、用电、废弃物处理等，树立环境保护意识，推广绿色环保理念，以促进环境保护。

1. 节约用水

整理收纳师需要注意节约用水，避免浪费水资源、避免污染水资源等，以保护水资源。

2. 节约用电

整理收纳师需要注意节约用电，以保护能源。

3. 废弃物处理

整理收纳师需要注意废弃物的处理，如分类处理、妥善处理等，以减少废弃物对环境的污染。

4. 环境保护意识

整理收纳师需要树立环境保护意识，如鼓励客户节约用水、节约用电、减少废弃物等，以推动环境保护。

5. 绿色环保

整理收纳师需要推广绿色环保理念，如推荐环保产品、使用环保材料等，以促进绿色环保。

六、垃圾分类常识

整理收纳师需要掌握垃圾分类常识，以便更好地为客户提供服务。在工作中，整理收纳师需要分类收集可回收垃圾、有害垃圾、厨余垃圾和其他垃圾，并送往相应的处理站进行处理，以促进垃圾分类和环境保护。

1. 可回收垃圾

包括废纸、塑料、玻璃、金属等可回收物品，需要分类收集并送往回收站进行再利用。

2. 有害垃圾

包括废电池、废灯管、废药品等有害物品，需要分类收集并送往专门的有害垃圾处理站进行处理。

3. 厨余垃圾

包括食品残渣、果皮、蔬菜叶等厨房废弃物，需要分类收集并送往垃圾处理站进行处理。

4. 其他垃圾

包括不可回收的废弃物品，如烟蒂、纸巾、塑料袋等，需要分类收集并送往垃圾处理站进行处理。

第四节　法律常识

一、《中华人民共和国民法典》相关知识

（一）物权相关知识

国家坚持和完善公有制为主体、多种所有制经济共同发展，按劳分配为主体、

多种分配方式并存，社会主义市场经济体制等社会主义基本经济制度。国家巩固和发展公有制经济，鼓励、支持和引导非公有制经济的发展。国家实行社会主义市场经济，保障一切市场主体的平等法律地位和发展权利。国家、集体、私人的物权和其他权利人的物权受法律平等保护，任何组织或者个人不得侵犯。

物权的保护。物权受到侵害的，权利人可以通过和解、调解、仲裁、诉讼等途径解决。因物权的归属、内容发生争议的，利害关系人可以请求确认权利。无权占有不动产或者动产的，权利人可以请求返还原物。妨害物权或者可能妨害物权的，权利人可以请求排除妨害或者消除危险。造成不动产或者动产毁损的，权利人可以依法请求修理、重作、更换或者恢复原状。侵害物权，造成权利人损害的，权利人可以依法请求损害赔偿，也可以依法请求承担其他民事责任。

（二）合同相关知识

合同是民事主体之间设立、变更、终止民事法律关系的协议。依法成立的合同，受法律保护。依法成立的合同，仅对当事人具有法律约束力，但是法律另有规定的除外。当事人对合同条款的理解有争议的，应当依据相关法律的规定，确定争议条款的含义。合同文本采用两种以上文字订立并约定具有同等效力的，对各文本使用的词句推定具有相同含义。各文本使用的词句不一致的，应当根据合同的相关条款、性质、目的以及诚信原则等予以解释。

合同的订立。当事人订立合同，可以采用书面形式、口头形式或者其他形式。书面形式是合同书、信件、电报、电传、传真等可以有形地表现所载内容的形式。以电子数据交换、电子邮件等方式能够有形地表现所载内容，并可以随时调取查用的数据电文，视为书面形式。合同的内容由当事人约定，一般包括下列条款：

1. 当事人的姓名或者名称和住所；

2. 标的；

3. 数量；

4. 质量；

5. 价款或者报酬；

6. 履行期限、地点和方式；

7. 违约责任；

8. 解决争议的方法。

当事人可以参照各类合同的示范文本订立合同。

当事人订立合同，可以采取要约、承诺方式或者其他方式。合同成立的时间，承诺生效时合同成立，但是法律另有规定或者当事人另有约定的除外。违约责任，当事人一方不履行合同义务或者履行合同义务不符合约定的，应当承担继续履行、采取补救措施或者赔偿损失等违约责任。

（三）人格权相关知识

人格权是民事主体享有的生命权、身体权、健康权、姓名权、名称权、肖像权、名誉权、荣誉权、隐私权等权利。除前款规定的人格权外，自然人享有基于人身自由、人格尊严产生的其他人格权益。民事主体的人格权受法律保护，任何组织或者个人不得侵害。人格权不得放弃、转让或者继承。民事主体可以将自己的姓名、名称、肖像等许可他人使用，但是依照法律规定或者根据其性质不得许可的除外。人格权受到侵害的，受害人有权依照本法和其他法律的规定请求行为人承担民事责任。受害人的停止侵害、排除妨碍、消除危险、消除影响、恢复名誉、赔礼道歉请求权，不适用诉讼时效的规定。因当事人一方的违约行为，损害对方人格权并造成严重精神损害，受损害方选择请求其承担违约责任的，不影响受损害方请求精神损害赔偿。民事主体有证据证明行为人正在实施或者即将实施侵害其人格权的违法行为，不及时制止将使其合法权益受到难以弥补的损害的，有权依法向人民法院申请采取责令行为人停止有关行为的措施。

自然人享有生命权。自然人的生命安全和生命尊严受法律保护。任何组织或者个人不得侵害他人的生命权。

自然人享有身体权。自然人的身体完整和行动自由受法律保护。任何组织或者个人不得侵害他人的身体权。

自然人享有健康权。自然人的身心健康受法律保护。任何组织或者个人不得侵害他人的健康权。

自然人享有姓名权，有权依法决定、使用、变更或者许可他人使用自己的姓名，但是不得违背公序良俗。

法人、非法人组织享有名称权，有权依法决定、使用、变更、转让或者许可他人使用自己的名称。

自然人享有肖像权，有权依法制作、使用、公开或者许可他人使用自己的肖像。

民事主体享有名誉权。任何组织或者个人不得以侮辱、诽谤等方式侵害他人的名誉权。

民事主体享有荣誉权。任何组织或者个人不得非法剥夺他人的荣誉称号，不得诋毁、贬损他人的荣誉。

自然人享有隐私权。任何组织或者个人不得以刺探、侵扰、泄露、公开等方式侵害他人的隐私权。

国家机关、承担行政职能的法定机构及其工作人员对于履行职责过程中知悉的自然人的隐私和个人信息，应当予以保密，不得泄露或者向他人非法提供。

（四）侵权责任相关知识

行为人因过错侵害他人民事权益造成损害的，应当承担侵权责任。依照法律规定推定行为人有过错，其不能证明自己没有过错的，应当承担侵权责任。行为人造成他人民事权益损害，不论行为人有无过错，法律规定应当承担侵权责任的，依照其规定。侵权行为危及他人人身、财产安全的，被侵权人有权请求侵权人承担停止侵害、排除妨碍、消除危险等侵权责任。二人以上共同实施侵权行为，造成他人损害的，应当承担连带责任。教唆、帮助他人实施侵权行为的，应当与行为人承担连带责任。教唆、帮助无民事行为能力人、限制民事行为能力人实施侵权行为的，应当承担侵权责任；该无民事行为能力人、限制民事行为能力人的监护人未尽到监护职责的，应当承担相应的责任。二人以上实施危及他人人身、财产安全的行为，其中一人或者数人的行为造成他人损害，能够确定具体侵权人的，由侵权人承担责任；不能确定具体侵权人的，行为人承担连带责任。

人身损害赔偿范围。侵害他人造成人身损害的，应当赔偿医疗费、护理费、交通费、营养费、住院伙食补助费等为治疗和康复支出的合理费用，以及因误工减少的收入。造成残疾的，还应当赔偿辅助器具费和残疾赔偿金；造成死亡的，还应当赔偿丧葬费和死亡赔偿金。因同一侵权行为造成多人死亡的，可以以相同数额确定死亡赔偿金。被侵权人死亡的，其近亲属有权请求侵权人承担侵权责任。被侵权人死亡的，支付被侵权人医疗费、丧葬费等合理费用的人有权请求侵权人赔偿费用，但是侵权人已经支付该费用的除外。侵害他人人身权益造成财产损失的，按照被侵权人因此受到的损失或者侵权人因此获得的利益赔偿；被侵权人因此受到的损失以及侵权人因此获得的利益难以确定，被侵权人和侵权人就赔偿数额协商不一致，向人民法院提起诉讼的，由人民法院根据实际情况确定赔偿数额。因故意或者重大过失侵害自然人具有人身意义的特定物造成严重精神损害的，被侵权人有权请求精神损害赔偿。用人单位的工作人员因执行工作任务造成他人损害的，由用人单位承担侵权责任。用人单位承担侵权责任后，可以向有故意或者重大过失的工作人员追偿。劳务派遣期间，被派遣的工作人员因执行工作任务造成他人损害的，由接受劳务派遣的用工单位承担侵权责任；劳务派遣单位有过错的，承担相应的责任。个人之间形成劳务关系，提供劳务一方因劳务造成他人损害的，由接受劳务一方承担侵权责任。接受劳务一方承担侵权责任后，可以向有故意或者重大过失的提供劳务一方追偿。提供劳务一方因劳务受到损害的，根据双方各自的过错承担相应的责任。提供劳务期间，因第三人的行为造成提供劳务一方损害的，提供劳务一方有权请求第三人承担侵权责任，也有权请求接受劳务一方给予补偿。接受劳务一方补偿后，可以向第三人追偿。

二、《中华人民共和国劳动法》相关知识

（一）工作时间和休假

国家实行劳动者每日工作时间不超过八小时、平均每周工作时间不超过四十四小时的工时制度。

对实行计件工作的劳动者，用人单位应当根据本法规定的工时制度合理确定其劳动定额和计件报酬标准。

用人单位应当保证劳动者每周至少休息一日。

企业因生产特点不能实行本法规定的，经劳动行政部门批准，可以实行其他工作和休息办法。

用人单位在下列节日期间应当依法安排劳动者休假：

（1）元旦；

（2）春节；

（3）国际劳动节；

（4）国庆节；

（5）法律、法规规定的其他休假节日。

用人单位由于生产经营需要，经与工会和劳动者协商后可以延长工作时间，一般每日不得超过一小时；因特殊原因需要延长工作时间的，在保障劳动者身体

健康的条件下延长工作时间每日不得超过三小时，但是每月不得超过三十六小时。

有下列情形之一的，延长工作时间不受本法上述规定的限制：

（1）发生自然灾害、事故或者因其他原因，威胁劳动者生命健康和财产安全，需要紧急处理的；

（2）生产设备、交通运输线路、公共设施发生故障，影响生产和公众利益，必须及时抢修的；

（3）法律、行政法规规定的其他情形。

用人单位不得违反本法规定延长劳动者的工作时间。

有下列情形之一的，用人单位应当按照下列标准支付高于劳动者正常工作时间工资的工资报酬：

（1）安排劳动者延长工作时间的，支付不低于工资的百分之一百五十的工资报酬；

（2）休息日安排劳动者工作又不能安排补休的，支付不低于工资的百分之二百的工资报酬；

（3）法定休假日安排劳动者工作的，支付不低于工资的百分之三百的工资报酬。

国家实行带薪年休假制度。

劳动者连续工作一年以上的，享受带薪年休假。具体办法由国务院规定。

（二）劳动报酬

工资分配应当遵循按劳分配原则，实行同工同酬。

工资水平在经济发展的基础上逐步提高。国家对工资总量实行宏观调控。

用人单位根据本单位的生产经营特点和经济效益，依法自主确定本单位的工资分配方式和工资水平。

国家实行最低工资保障制度。最低工资的具体标准由省、自治区、直辖市人民政府规定，报国务院备案。用人单位支付劳动者的工资不得低于当地最低工资标准。

确定和调整最低工资标准应当综合参考下列因素：

（1）劳动者本人及平均赡养人口的最低生活费用；

（2）社会平均工资水平；

（3）劳动生产率；

（4）就业状况；

（5）地区之间经济发展水平的差异。

工资应当以货币形式按月支付给劳动者本人。不得克扣或者无故拖欠劳动者的工资。

劳动者在法定休假日和婚丧假期间以及依法参加社会活动期间，用人单位应当依法支付工资。

（三）劳动安全卫生

用人单位必须建立、健全劳动安全卫生制度，严格执行国家劳动安全卫生规程和标准，对劳动者进行劳动安全卫生教育，防止劳动过程中的事故，减少职业危害。

劳动安全卫生设施必须符合国家规定的标准。新建、改建、扩建工程的劳动安全卫生设施必须与主体工程同时设计、同时施工、同时投入生产和使用。

用人单位必须为劳动者提供符合国家规定的劳动安全卫生条件和必要的劳动防护用品，对从事有职业危害作业的劳动者应当定期进行健康检查。

从事特种作业的劳动者必须经过专门培训并取得特种作业资格。

劳动者在劳动过程中必须严格遵守安全操作规程。劳动者对用人单位管理人员违章指挥、强令冒险作业，有权拒绝执行；对危害生命安全和身体健康的行为，有权提出批评、检举和控告。

国家建立伤亡事故和职业病统计报告和处理制度。县级以上各级人民政府劳动行政部门、有关部门和用人单位应当依法对劳动者在劳动过程中发生的伤亡事故和劳动者的职业病状况，进行统计、报告和处理。

（四）女职工和未成年工的特殊保护

国家对女职工和未成年工实行特殊劳动保护。未成年工是指年满十六周岁未满十八周岁的劳动者。

禁止安排女职工从事矿山井下、国家规定的第四级体力劳动强度的劳动和其他禁忌从事的劳动。

不得安排女职工在经期从事高处、低温、冷水作业和国家规定的第三级体力劳动强度的劳动。

不得安排女职工在怀孕期间从事国家规定的第三级体力劳动强度的劳动和孕期禁忌从事的劳动。对怀孕七个月以上的女职工，不得安排其延长工作时间和夜班劳动。

女职工生育享受不少于九十天的产假。

不得安排女职工在哺乳未满一周岁的婴儿期间从事国家规定的第三级体力劳动强度的劳动和哺乳期禁忌从事的其他劳动，不得安排其延长工作时间和夜班劳动。

不得安排未成年工从事矿山井下、有毒有害、国家规定的第四级体力劳动强度的劳动和其他禁忌从事的劳动。

用人单位应当对未成年工定期进行健康检查。

（五）社会保险及福利

国家发展社会保险事业，建立社会保险制度，设立社会保险基金，使劳动者在年老、患病、工伤、失业、生育等情况下获得帮助和补偿。

社会保险水平应当与社会经济发展水平和社会承受能力相适应。

社会保险基金按照保险类型确定资金来源，逐步实行社会统筹。用人单位和劳动者必须依法参加社会保险，缴纳社会保险费。

劳动者在下列情形下，依法享受社会保险待遇：

（1）退休；

（2）患病、负伤；

（3）因工伤残或者患职业病；

（4）失业；

（5）生育。

劳动者死亡后，其遗属依法享受遗属津贴。

劳动者享受社会保险待遇的条件和标准由法律、法规规定。

劳动者享受的社会保险金必须按时足额支付。

社会保险基金经办机构依照法律规定收支、管理和运营社会保险基金，并负有使社会保险基金保值增值的责任。社会保险基金监督机构依照法律规定，对社会保险基金的收支、管理和运营实施监督。社会保险基金经办机构和社会保险基金监督机构的设立和职能由法律规定。任何组织和个人不得挪用社会保险基金。

国家鼓励用人单位根据本单位实际情况为劳动者建立补充保险。国家提倡劳动者个人进行储蓄性保险。

国家发展社会福利事业，兴建公共福利设施，为劳动者休息、休养和养提供条件。用人单位应当创造条件，改善集体福利，提高劳动者的福利待遇。

（六）劳动争议处理

用人单位与劳动者发生劳动争议，当事人可以依法申请调解、仲裁、提起诉讼，也可以协商解决。调解原则适用于仲裁和诉讼程序。

解决劳动争议，应当根据合法、公正、及时处理的原则，依法维护劳动争议当事人的合法权益。

劳动争议发生后，当事人可以向本单位劳动争议调解委员会申请调解；调解不成，当事人一方要求仲裁的，可以向劳动争议仲裁委员会申请仲裁。当事人一方也可以直接向劳动争议仲裁委员会申请仲裁。对仲裁裁决不服的，可以向人民法院提起诉讼。

在用人单位内，可以设立劳动争议调解委员会。劳动争议调解委员会由职工代表、用人单位代表和工会代表组成。劳动争议调解委员会主任由工会代表担任。劳动争议经调解达成协议的，当事人应当履行。

劳动争议仲裁委员会由劳动行政部门代表、同级工会代表、用人单位方面的代表组成。劳动争议仲裁委员会主任由劳动行政部门代表担任。

提出仲裁要求的一方应当自劳动争议发生之日起六十日内向劳动争议仲裁委员会提出书面申请。仲裁裁决一般应在收到仲裁申请的六十日内作出。对仲裁裁决无异议的，当事人必须履行。

劳动争议当事人对仲裁裁决不服的，可以自收到仲裁裁决书之日起十五日内向人民法院提起诉讼。一方当事人在法定期限内不起诉又不履行仲裁裁决的，另一方当事人可以申请人民法院强制执行。

因签订集体合同发生争议，当事人协商解决不成的，当地人民政府劳动行政部门可以组织有关各方协调处理。因履行集体合同发生争议，当事人协商解决不成的，可以向劳动争议仲裁委员会申请仲裁；对仲裁裁决不服的，可以自收到仲裁裁决书之日起十五日内向人民法院提起诉讼。

三、《中华人民共和国劳动合同法》相关知识

（一）劳动合同的订立

用人单位自用工之日起即与劳动者建立劳动关系。用人单位应当建立职工名册备查。

用人单位招用劳动者时，应当如实告知劳动者工作内容、工作条件、工作地点、职业危害、安全生产状况、劳动报酬，以及劳动者要求了解的其他情况；用人单位有权了解劳动者与劳动合同直接相关的基本情况，劳动者应当如实说明。

用人单位招用劳动者，不得扣押劳动者的居民身份证和其他证件，不得要求劳动者提供担保或者以其他名义向劳动者收取财物。

建立劳动关系，应当订立书面劳动合同。已建立劳动关系，未同时订立书面劳动合同的，应当自用工之日起一个月内订立书面劳动合同。用人单位与劳动者在用工前订立劳动合同的，劳动关系自用工之日起建立。

用人单位未在用工的同时订立书面劳动合同，与劳动者约定的劳动报酬不明确的，新招用的劳动者的劳动报酬按照集体合同规定的标准执行；没有集体合同或者集体合同未规定的，实行同工同酬。

劳动合同分为固定期限劳动合同、无固定期限劳动合同和以完成一定工作任务为期限的劳动合同。

固定期限劳动合同，是指用人单位与劳动者约定合同终止时间的劳动合同。用人单位与劳动者协商一致，可以订立固定期限劳动合同。

无固定期限劳动合同，是指用人单位与劳动者约定无确定终止时间的劳动合同。用人单位与劳动者协商一致，可以订立无固定期限劳动合同。有下列情形之一，劳动者提出或者同意续订、订立劳动合同的，除劳动者提出订立固定期限劳动合同外，应当订立无固定期限劳动合同：

（1）劳动者在该用人单位连续工作满十年的；

（2）用人单位初次实行劳动合同制度或者国有企业改制重新订立劳动合同时，劳动者在该用人单位连续工作满十年且距法定退休年龄不足十年的；

（3）连续订立二次固定期限劳动合同，续订劳动合同的。

用人单位自用工之日起满一年不与劳动者订立书面劳动合同的，视为用人单位与劳动者已订立无固定期限劳动合同。

以完成一定工作任务为期限的劳动合同，是指用人单位与劳动者约定以某项工作的完成为合同期限的劳动合同。用人单位与劳动者协商一致，可以订立以完成一定工作任务为期限的劳动合同。

劳动合同由用人单位与劳动者协商一致，并经用人单位与劳动者在劳动合同文本上签字或者盖章生效。劳动合同文本由用人单位和劳动者各执一份。

劳动合同应当具备以下条款：

（1）用人单位的名称、住所和法定代表人或者主要负责人；

（2）劳动者的姓名、住址和居民身份证或者其他有效身份证件号码；

（3）劳动合同期限；

（4）工作内容和工作地点；

（5）工作时间和休息休假；

（6）劳动报酬；

（7）社会保险；

（8）劳动保护、劳动条件和职业危害防护；

（9）法律、法规规定应当纳入劳动合同的其他事项。

劳动合同除前款规定的必备条款外，用人单位与劳动者可以约定试用期、培训、保守秘密、补充保险和福利待遇等其他事项。

劳动合同对劳动报酬和劳动条件等标准约定不明确，引发争议的，用人单位与劳动者可以重新协商；协商不成的，适用集体合同规定；没有集体合同或者集体合同未规定劳动报酬的，实行同工同酬；没有集体合同或者集体合同未规定劳动条件等标准的，适用国家有关规定。

用人单位为劳动者提供专项培训费用，对其进行专业技术培训的，可以与该劳动者订立协议，约定服务期。劳动者违反服务期约定的，应当按照约定向用人单位支付违约金。违约金的数额不得超过用人单位提供的培训费用。用人单位要求劳动者支付的违约金不得超过服务期尚未履行部分所应分摊的培训费用。用人单位与劳动者约定服务期的，不影响按照正常的工资调整机制提高劳动者在服务期期间的劳动报酬。

用人单位与劳动者可以在劳动合同中约定保守用人单位的商业秘密和与知识产权相关的保密事项。对负有保密义务的劳动者，用人单位可以在劳动合同或者保密协议中与劳动者约定竞业限制条款，并约定在解除或者终止劳动合同后，在竞业限制期限内按月给予劳动者经济补偿。劳动者违反竞业限制约定的，应当按照约定向用人单位支付违约金。

竞业限制的人员限于用人单位的高级管理人员、高级技术人员和其他负有保密义务的人员。竞业限制的范围、地域、期限由用人单位与劳动者约定，竞业限制的约定不得违反法律、法规的规定。在解除或者终止劳动合同后，前款规定的人员到与本单位生产或者经营同类产品、从事同类业务的有竞争关系的其他用人单位，或者自己开业生产或者经营同类产品、从事同类业务的竞业限制期限，不得超过二年。除本法规定的情形外，用人单位不得与劳动者约定由劳动者承担违约金。

下列劳动合同无效或者部分无效：

（1）以欺诈、胁迫的手段或者乘人之危，使对方在违背真实意思的情况下订立或者变更劳动合同的；

（2）用人单位免除自己的法定责任、排除劳动者权利的；

（3）违反法律、行政法规强制性规定的。

对劳动合同的无效或者部分无效有争议的，由劳动争议仲裁机构或者人民法院确认。

劳动合同部分无效，不影响其他部分效力的，其他部分仍然有效。

劳动合同被确认无效，劳动者已付出劳动的，用人单位应当向劳动者支付劳动报酬。劳动报酬的数额，参照本单位相同或者相近岗位劳动者的劳动报酬确定。

（二）试用期

劳动合同期限三个月以上不满一年的，试用期不得超过一个月；劳动合同期限一年以上不满三年的，试用期不得超过二个月；三年以上固定期限和无固定期限的劳动合同，试用期不得超过六个月。同一用人单位与同一劳动者只能约定一次试用期。以完成一定工作任务为期限的劳动合同或者劳动合同期限不满三个月的，不得约定试用期。试用期包含在劳动合同期限内。劳动合同仅约定试用期的，试用期不成立，该期限为劳动合同期限。

劳动者在试用期的工资不得低于本单位相同岗位最低档工资或者劳动合同约定工资的百分之八十，并不得低于用人单位所在地的最低工资标准。

在试用期中，除劳动者有违反本法规定的情形外，用人单位不得解除劳动合同。用人单位在试用期解除劳动合同的，应当向劳动者说明理由。

（三）劳动合同的履行和变更

用人单位与劳动者应当按照劳动合同的约定，全面履行各自的义务。

第三十条　用人单位应当按照劳动合同约定和国家规定，向劳动者及时足额支付劳动报酬。用人单位拖欠或者未足额支付劳动报酬的，劳动者可以依法向当地人民法院申请支付令，人民法院应当依法发出支付令。

用人单位应当严格执行劳动定额标准，不得强迫或者变相强迫劳动者加班。用人单位安排加班的，应当按照国家有关规定向劳动者支付加班费。

劳动者拒绝用人单位管理人员违章指挥、强令冒险作业的，不视为违反劳动合同。劳动者对危害生命安全和身体健康的劳动条件，有权对用人单位提出批评、检举和控告。

用人单位变更名称、法定代表人、主要负责人或者投资人等事项，不影响劳动合同的履行。

用人单位发生合并或者分立等情况，原劳动合同继续有效，劳动合同由承继其权利和义务的用人单位继续履行。

用人单位与劳动者协商一致，可以变更劳动合同约定的内容。变更劳动合同，应当采用书面形式。变更后的劳动合同文本由用人单位和劳动者各执一份。

（四）劳动合同的解除和终止

用人单位与劳动者协商一致，可以解除劳动合同。

劳动者提前三十日以书面形式通知用人单位，可以解除劳动合同。劳动者在试用期内提前三日通知用人单位，可以解除劳动合同。

用人单位有下列情形之一的，劳动者可以解除劳动合同：

（1）未按照劳动合同约定提供劳动保护或者劳动条件的；

（2）未及时足额支付劳动报酬的；

（3）未依法为劳动者缴纳社会保险费的；

（4）用人单位的规章制度违反法律、法规的规定，损害劳动者权益的；

（5）因本法第二十六条第一款规定的情形致使劳动合同无效的；

（6）法律、行政法规规定劳动者可以解除劳动合同的其他情形。

用人单位以暴力、威胁或者非法限制人身自由的手段强迫劳动者劳动的，或者用人单位违章指挥、强令冒险作业危及劳动者人身安全的，劳动者可以立即解除劳动合同，不需事先告知用人单位。

劳动者有下列情形之一的，用人单位可以解除劳动合同：

（1）在试用期间被证明不符合录用条件的；

（2）严重违反用人单位的规章制度的；

（3）严重失职，营私舞弊，给用人单位造成重大损害的；

（4）劳动者同时与其他用人单位建立劳动关系，对完成本单位的工作任务造成严重影响，或者经用人单位提出，拒不改正的；

（5）因本法第二十六条第一款第一项规定的情形致使劳动合同无效的；

（6）被依法追究刑事责任的。

有下列情形之一的，用人单位提前三十日以书面形式通知劳动者本人或者额外支付劳动者一个月工资后，可以解除劳动合同：

（1）劳动者患病或者非因工负伤，在规定的医疗期满后不能从事原工作，也不能从事由用人单位另行安排的工作的；

（2）劳动者不能胜任工作，经过培训或者调整工作岗位，仍不能胜任工作的；

（3）劳动合同订立时所依据的客观情况发生重大变化，致使劳动合同无法履行，经用人单位与劳动者协商，未能就变更劳动合同内容达成协议的。

有下列情形之一，需要裁减人员二十人以上或者裁减不足二十人但占企业职工总数百分之十以上的，用人单位提前三十日向工会或者全体职工说明情况，听取工会或者职工的意见后，裁减人员方案经向劳动行政部门报告，可以裁减人员：

（1）依照企业破产法规定进行重整的；

（2）生产经营发生严重困难的；

（3）企业转产、重大技术革新或者经营方式调整，经变更劳动合同后，仍需裁减人员的；

（4）其他因劳动合同订立时所依据的客观经济情况发生重大变化，致使劳动合同无法履行的。

裁减人员时，应当优先留用下列人员：

（1）与本单位订立较长期限的固定期限劳动合同的；

（2）与本单位订立无固定期限劳动合同的；

（3）家庭无其他就业人员，有需要扶养的老人或者未成年人的。

用人单位依照本条第一款规定裁减人员，在六个月内重新招用人员的，应当通知被裁减的人员，并在同等条件下优先招用被裁减的人员。

劳动者有下列情形之一的，用人单位不得依照本法第四十条、第四十一条的规定解除劳动合同：

（1）从事接触职业病危害作业的劳动者未进行离岗前职业健康检查，或者疑似职业病病人在诊断或者医学观察期间的；

（2）在本单位患职业病或者因工负伤并被确认丧失或者部分丧失劳动能力的；

（3）患病或者非因工负伤，在规定的医疗期内的；

（4）女职工在孕期、产期、哺乳期的；

（5）在本单位连续工作满十五年，且距法定退休年龄不足五年的；

（6）法律、行政法规规定的其他情形。

用人单位单方解除劳动合同，应当事先将理由通知工会。用人单位违反法律、行政法规规定或者劳动合同约定的，工会有权要求用人单位纠正。用人单位应当研究工会的意见，并将处理结果书面通知工会。

有下列情形之一的，劳动合同终止：

（1）劳动合同期满的；

（2）劳动者开始依法享受基本养老保险待遇的；

（3）劳动者死亡，或者被人民法院宣告死亡或者宣告失踪的；

（4）用人单位被依法宣告破产的；

（5）用人单位被吊销营业执照、责令关闭、撤销或者用人单位决定提前解散的；

（6）法律、行政法规规定的其他情形。

劳动合同期满，有本法第四十二条规定情形之一的，劳动合同应当续延至相应的情形消失时终止。但是，本法第四十二条第二项规定丧失或者部分丧失劳动能力劳动者的劳动合同的终止，按照国家有关工伤保险的规定执行。

有下列情形之一的，用人单位应当向劳动者支付经济补偿：

（1）劳动者依照本法第三十八条规定解除劳动合同的；

（2）用人单位依照本法第三十六条规定向劳动者提出解除劳动合同并与劳动者协商一致解除劳动合同的；

（3）用人单位依照本法第四十条规定解除劳动合同的；

（4）用人单位依照本法第四十一条第一款规定解除劳动合同的；

（5）除用人单位维持或者提高劳动合同约定条件续订劳动合同，劳动者不同意续订的情形外，依照本法第四十四条第一项规定终止固定期限劳动合同的；

（6）依照本法第四十四条第四项、第五项规定终止劳动合同的；

（7）法律、行政法规规定的其他情形。

经济补偿按劳动者在本单位工作的年限，每满一年支付一个月工资的标准向劳动者支付。六个月以上不满一年的，按一年计算；不满六个月的，向劳动者支付半个月工资的经济补偿。劳动者月工资高于用人单位所在直辖市、设区的市级人民政府公布的本地区上年度职工月平均工资三倍的，向其支付经济补偿的标准按职工月平均工资三倍的数额支付，向其支付经济补偿的年限最高不超过十二年。本条所称月工资是指劳动者在劳动合同解除或者终止前十二个月的平均工资。

用人单位违反本法规定解除或者终止劳动合同，劳动者要求继续履行劳动合同的，用人单位应当继续履行；劳动者不要求继续履行劳动合同或者劳动合同已经不能继续履行的，用人单位应当依照本法第八十七条规定支付赔偿金。

国家采取措施，建立健全劳动者社会保险关系跨地区转移接续制度。

用人单位应当在解除或者终止劳动合同时出具解除或者终止劳动合同的证明，并在十五日内为劳动者办理档案和社会保险关系转移手续。劳动者应当按照双方约定，办理工作交接。用人单位依照本法有关规定应当向劳动者支付经济补偿的，在办结工作交接时支付。用人单位对已经解除或者终止的劳动合同的文本，至少保存二年备查。

四、《中华人民共和国治安管理处罚法》相关知识

《中华人民共和国治安管理处罚法》（以下简称《治安管理处罚法》）是为了维护社会治安秩序，保障公共安全，保护公民、法人和其他组织的合法权益，规范和保障公安机关及其人民警察依法履行治安管理职责制定的法律。主要有六章，一百一十九条。

（一）治安管理处罚的概念与特征

治安管理处罚法是为维护社会治安秩序，保护公民合法权益制定的。公安机关是社会治安的守护者，维护公共安全，维护社会秩序，保障国家和人民群众的安全。如果公民做了违反治安管理的行为，就会受到处罚。

治安管理处罚的概念：治安管理处罚是指对扰乱公共秩序，妨害公共安全，侵犯人身权利、财产权利，妨害社会管理，具有社会危害性，尚不够刑事处罚的，由公安机关给予治安管理惩罚。中国的治安管理处罚作为较重的一种行政处罚，与刑罚有着密切的关系。

治安管理处罚的特征。（1）性质是行政处罚。（2）适用主体是公安机关。《治安管理处罚法》第九十一条规定，治安管理处罚由县级以上人民政府公安机关决定；其中警告、五百元以下的罚款可以由公安派出所决定。（3）对象是违反治安管理、尚不够刑事处罚的行为人，包括自然人和法人。（4）内容是依法剥夺违反治安管理行为人的人身自由、财产或其他权利。

（二）治安管理处罚的基本原则

1. 行为与处罚法定原则

《行政处罚法》第三条规定："没有法定依据或者不遵守法定程序的，行政处罚无效。"这就是行为与处罚法定原则的实质，涉及治安管理处罚，它是指违反治安管理行为和治安管理处罚应当由法律明文规定，法律没有明文规定的，不能认定为违反治安管理行为并不能适用治安管理处罚。

2. 处罚与违法行为相当原则

《行政处罚法》第四条规定："设定和实施行政处罚必须以事实为依据，与违法行为的事实、性质、情节以及社会危害程度相当。"《治安管理处罚法》第五条也规定："治安管理处罚必须以事实为依据，与违反治安管理行为的性质、情节以及社会危害程度相当。"这就是处罚与违法行为相当原则的核心。这体现了法制的统一性、严肃性和公平性。

3. 公开、公正原则

《行政处罚法》第四条规定："行政处罚遵循公正、公开的原则。"《治安管理处罚法》第五条也规定，"实施治安管理处罚，应当公开、公正……"，坚持实施治安管理处罚的公开、公正原则。

公开是指实施治安管理处罚的依据和被处罚当事人享有的权利应公布于众。行政案件的办理公开本身并不能直接实现实体权利与义务的公正，是用以公正的保障。公正是指“公平正直，没有偏私”。在实施治安管理处罚的过程中，首先，应当平等地对待各方当事人，不以当事人的身份为实施处罚轻重的标准；其次，所给予的治安管理处罚与违反治安管理行为的社会危害程度相适应。达到公正地实施治安管理处罚，就要正确行使自由裁量权。

4. 尊重和保障人权原则

《治安管理处罚法》第五条规定：“实施治安管理处罚，应当公开、公正，尊重和保障人权，保护公民的人格尊严。”所以，尊重和保障人权原则是指认定违反治安管理行为，实施治安管理处罚，尊重和保障人权，保护公民的人格尊严。

5. 教育与处罚相结合原则

《治安管理处罚法》第五条规定：“办理治安案件应当坚持教育与处罚相结合的原则。”这一原则的基本精神是指坚持处罚不是目的，而是一种手段，教育也是一种手段，通过处罚和教育，使其不再危害社会，预防和减少违法犯罪的发生。

（三）违反治安管理处罚法的行为

《治安管理处罚法》第二条规定：“扰乱公共秩序，妨害公共安全，侵犯人身权利，财产权利，妨害社会管理，具有社会危害性，依照《中华人民共和国刑法》的规定构成犯罪的，依法追究刑事责任；尚不够刑事处罚的，由公安机关依照本法给予治安管理处罚。”

（四）违反治安管理处罚法的处罚

有四种违反治安管理的情形将被从重处罚，即：有较严重后果的；教唆、胁迫、诱骗他人违反治安管理的；对报案人、控告人、举报人、证人打击报复的；六个月内曾受过治安管理处罚的。

《中华人民共和国治安管理处罚法》第七十条规定，以营利为目的，为赌博提供条件的，或者参与赌博赌资较大的，处五日以下拘留或者五百元以下罚款；情节严重的，处十日以上十五日以下拘留，并处五百元以上三千元以下罚款。

对扰乱单位秩序、公共场所秩序、公共交通工具秩序、交通行驶秩序和破坏选举秩序的行为，治安管理处罚法第二十三条作出了规定：有下列行为之一的，处警告或者二百元以下罚款；情节较重的，处五日以上十日以下拘留，可以并处五百元以下罚款：①扰乱机关、团体、企业、事业单位秩序，致使工作、生产、营业、医疗、教学、科研不能正常进行，尚未造成严重损失的；②扰乱车站、港口、码头、机场、商场、公园、展览馆或者其他公共场所秩序的；③扰乱公共汽车、电车、火车、船舶、航空器或者其他公共交通工具上的秩序的；④非法拦截或者强登、扒乘机动车、船舶、航空器以及其他交通工具，影响交通工具正常行驶的；⑤破坏依法进行的选举秩序的。

对聚众实施扰乱公共秩序行为，《治安管理处罚法》第二十三条规定了对聚众扰乱公共秩序行为的加重处罚。聚众扰乱公共秩序行为，是指组织、纠集他人实施第二十三条规定的五类行为。由于其行为相应地加重了扰乱了公共秩序的后果，甚至构成扰乱社会治安的群体性事件，因此对于实施此类行为的首要分子规定了更加严厉的处罚，拘留最高可以达到 15 日，并可以处以 1000 元以下罚款。这里所谓的首要分子，主要是指违法行为的组织者、鼓动者以及实施违法行为的骨干分子。

对寻衅滋事的行为的处罚。寻衅滋事，是指一人或者多人在公共场所或者其他场所无事生非，起哄捣乱，无理取闹，无故殴打他人，肆意挑衅，横行霸道，破坏公共秩序的行为。寻衅滋事行为主要表现为强拿硬要，追逐、拦截他人，随意殴打他人或在公共场所起哄闹事，造成公共场所秩序混乱，以及任意毁损公私财物等行为，处 5 日以上 10 日以下的拘留，可以并处 500 元以下罚款；情节较重的，处 10 日以上 15 日以下拘留，可以并处 1000 元以下罚款。

关于非法侵犯公私财物的行为的处罚，《治安管理处罚法》第四十九条规定：盗窃、诈骗、哄抢、抢夺、敲诈勒索或者故意损毁公私财物的，处五日以上十日以下拘留，可以并处五百元以下罚款；情节较重的，处十日以上十五日以下拘留，可以并处一千元以下罚款。

构成拒绝、阻碍国家工作人员依法执法职务的行为。拒绝、阻碍国家工作人员依法执法职务的行为是指行为人采取吵闹、漫骂、无理纠缠等非暴力的方法拒绝、阻碍国家工作人员执行职务活动，情节严重但尚不够刑事处罚的行为。根据《治安管理处罚法》第五十条规定，阻碍人民警察依法执行职务的，从重处罚。

五、《中华人民共和国消费者权益保护法》相关知识

《中华人民共和国消费者权益保护法》（以下简称《消费者权益保护法》）

是保护消费者的合法权益，维护社会经济秩序，促进社会主义市场经济健康发展制定的法律。主要有八章，六十三条。

（一）消费者的权利

第七条　消费者在购买、使用商品和接受服务时享有人身、财产安全不受损害的权利。消费者有权要求经营者提供的商品和服务，符合保障人身、财产安全的要求。

第八条　消费者享有知悉其购买、使用的商品或者接受的服务的真实情况的权利。消费者有权根据商品或者服务的不同情况，要求经营者提供商品的价格、产地、生产者、用途、性能、规格、等级、主要成分、生产日期、有效期限、检验合格证明、使用方法说明书、售后服务，或者服务的内容、规格、费用等有关情况。

第九条　消费者享有自主选择商品或者服务的权利。消费者有权自主选择提供商品或者服务的经营者，自主选择商品品种或者服务方式，自主决定购买或者不购买任何一种商品、接受或者不接受任何一项服务。消费者在自主选择商品或者服务时，有权进行比较、鉴别和挑选。

第十条　消费者享有公平交易的权利。消费者在购买商品或者接受服务时，有权获得质量保障、价格合理、计量正确等公平交易条件，有权拒绝经营者的强制交易行为。

第十一条　消费者因购买、使用商品或者接受服务受到人身、财产损害的，享有依法获得赔偿的权利。

第十二条　消费者享有依法成立维护自身合法权益的社会组织的权利。

第十三条　消费者享有获得有关消费和消费者权益保护方面的知识的权利。消费者应当努力掌握所需商品或者服务的知识和使用技能，正确使用商品，提高自我保护意识。

第十四条　消费者在购买、使用商品和接受服务时，享有人格尊严、民族风俗习惯得到尊重的权利，享有个人信息依法得到保护的权利。

第十五条　消费者享有对商品和服务以及保护消费者权益工作进行监督的权利。

第十六条　消费者有权检举、控告侵害消费者权益的行为和国家机关及其工作人员在保护消费者权益工作中的违法失职行为，有权对保护消费者权益工作提出批评、建议。

（二）经营者的义务

第十六条　经营者向消费者提供商品或者服务，应当依照本法和其他有关法律、法规的规定履行义务。经营者和消费者有约定的，应当按照约定履行义务，但双方的约定不得违背法律、法规的规定。经营者向消费者提供商品或者服务，应当恪守社会公德，诚信经营，保障消费者的合法权益；不得设定不公平、不合理的交易条件，不得强制交易。

第十七条　经营者应当听取消费者对其提供的商品或者服务的意见，接受消费者的监督。

第十八条　经营者应当保证其提供的商品或者服务符合保障人身、财产安全的要求。对可能危及人身、财产安全的商品和服务，应当向消费者作出真实的说明和明确的警示，并说明和标明正确使用商品或者接受服务的方法以及防止危害发生的方法。宾馆、商场、餐馆、银行、机场、车站、港口、影剧院等经营场所的经营者，应当对消费者尽到安全保障义务。

第十九条　经营者发现其提供的商品或者服务存在缺陷，有危及人身、财产安全危险的，应当立即向有关行政部门报告和告知消费者，并采取停止销售、警示、召回、无害化处理、销毁、停止生产或者服务等措施。采取召回措施的，经营者应当承担消费者因商品被召回支出的必要费用。

第二十条　经营者向消费者提供有关商品或者服务的质量、性能、用途、有效期限等信息，应当真实、全面，不得作虚假或者引人误解的宣传。经营者对消费者就其提供的商品或者服务的质量和使用方法等问题提出的询问，应当作出真实、明确的答复。经营者提供商品或者服务应当明码标价。

第二十一条　经营者应当标明其真实名称和标记。租赁他人柜台或者场地的经营者，应当标明其真实名称和标记。

第二十二条　经营者提供商品或者服务，应当按照国家有关规定或者商业惯例向消费者出具发票等购货凭证或者服务单据；消费者索要发票等购货凭证或者服务单据的，经营者必须出具。

第二十三条　经营者应当保证在正常使用商品或者接受服务的情况下其提供的商品或者服务应当具有的质量、性能、用途和有效期限；但消费者在购买该商品或者接受该服务前已经知道其存在瑕疵，且存在该瑕疵不违反法律强制性规定的除外。经营者以广告、产品说明、实物样品或者其他方式表明商品或者服务的质量状况的，应当保证其提供的商品或者服务的实际质量与表明的质量状况相符。经营者提供的机动车、计算机、电视机、电冰箱、空调器、洗衣机等耐用商品或者装饰装修等服务，消费者自接受商品或者服务之日起六个月内发现瑕疵，发生争议的，由经营者承担有关瑕疵的举证责任。

第二十四条　经营者提供的商品或者服务不符合质量要求的，消费者可以依照国家规定、当事人约定退货，或者要求经营者履行更换、修理等义务。没有国家规定和当事人约定的，消费者可以自收到商品之日起七日内退货；七日后符合法定解除合同条件的，消费者可以及时退货，不符合法定解除合同条件的，可以要求经营者履行更换、修理等义务。依照前款规定进行退货、更换、修理的，经营者应当承担运输等必要费用。

第二十五条　经营者采用网络、电视、电话、邮购等方式销售商品，消费者有权自收到商品之日起七日内退货，且无需说明理由，但下列商品除外：

1. 消费者定作的；

2. 鲜活易腐的；

3. 在线下载或者消费者拆封的音像制品、计算机软件等数字化商品；

4. 交付的报纸、期刊。

除前款所列商品外，其他根据商品性质并经消费者在购买时确认不宜退货的商品，不适用无理由退货。消费者退货的商品应当完好。经营者应当自收到退回商品之日起七日内返还消费者支付的商品价款。退回商品的运费由消费者承担；经营者和消费者另有约定的，按照约定。

第二十六条　经营者在经营活动中使用格式条款的，应当以显著方式提请消费者注意商品或者服务的数量和质量、价款或者费用、履行期限和方式、安全注意事项和风险警示、售后服务、民事责任等与消费者有重大利害关系的内容，并按照消费者的要求予以说明。经营者不得以格式条款、通知、声明、店堂告示等方式，作出排除或者限制消费者权利、减轻或者免除经营者责任、加重消费者责任等对消费者不公平、不合理的规定，不得利用格式条款并借助技术手段强制交易。格式条款、通知、声明、店堂告示等含有前款所列内容的，其内容无效。

第二十七条　经营者不得对消费者进行侮辱、诽谤，不得搜查消费者的身体及其携带的物品，不得侵犯消费者的人身自由。

第二十八条　采用网络、电视、电话、邮购等方式提供商品或者服务的经营者，以及提供证券、保险、银行等金融服务的经营者，应当向消费者提供经营地址、联系方式、商品或者服务的数量和质量、价款或者费用、履行期限和方式、安全注意事项和风险警示、售后服务、民事责任等信息。

第二十九条　经营者收集、使用消费者个人信息，应当遵循合法、正当、必要的原则，明示收集、使用信息的目的、方式和范围，并经消费者同意。经营者收集、使用消费者个人信息，应当公开其收集、使用规则，不得违反法律、法规的规定和双方的约定收集、使用信息。经营者及其工作人员对收集的消费者个人信息必须严格保密，不得泄露、出售或者非法向他人提供。经营者应当采取技术措施和其他必要措施，确保信息安全，防止消费者个人信息泄露、丢失。在发生或者可能发生信息泄露、丢失的情况时，应当立即采取补救措施。经营者未经消费者同意或者请求，或者消费者明确表示拒绝的，不得向其发送商业性信息。

（三）消费者维权途径

第三十九条　消费者和经营者发生消费者权益争议的，可以通过下列途径解决：

1. 与经营者协商和解；

2. 请求消费者协会或者依法成立的其他调解组织调解；

3. 向有关行政部门投诉；

4. 根据与经营者达成的仲裁协议提请仲裁机构仲裁；

5. 向人民法院提起诉讼。

第四十条　消费者在购买、使用商品时，其合法权益受到损害的，可以向销售者要求赔偿。销售者赔偿后，属于生产者的责任或者属于向销售者提供商品的其他销售者的责任的，销售者有权向生产者或者其他销售者追偿。

消费者或者其他受害人因商品缺陷造成人身、财产损害的，可以向销售者要求赔偿，也可以向生产者要求赔偿。属于生产者责任的，销售者赔偿后，有权向生产者追偿。属于销售者责任的，生产者赔偿后，有权向销售者追偿。消费者在接受服务时，其合法权益受到损害的，可以向服务者要求赔偿。

第四十一条　消费者在购买、使用商品或者接受服务时，其合法权益受到损害，因原企业分立、合并的，可以向变更后承受其权利义务的企业要求赔偿。

第四十二条　使用他人营业执照的违法经营者提供商品或者服务，损害消费者合法权益的，消费者可以向其要求赔偿，也可以向营业执照的持有人要求赔偿。

第四十三条　消费者在展销会、租赁柜台购买商品或者接受服务，其合法权益受到损害的，可以向销售者或者服务者要求赔偿。展销会结束或者柜台租赁期满后，也可以向展销会的举办者、柜台的出租者要求赔偿。展销会的举办者、柜台的出租者赔偿后，有权向销售者或者服务者追偿。

第四十四条　消费者通过网络交易平台购买商品或者接受服务，其合法权益受到损害的，可以向销售者或者服务者要求赔偿。网络交易平台提供者不能提供销售者或者服务者的真实名称、地址和有效联系方式的，消费者也可以向网络交易平台提供者要求赔偿；网络交易平台提供者作出更有利于消费者的承诺的，应当履行承诺。网络交易平台提供者赔偿后，有权向销售者或者服务者追偿。网络交易平台提供者明知或者应知销售者或者服务者利用其平台侵害消费者合法权益，未采取必要措施的，依法与该销售者或者服务者承担连带责任。

第四十五条　消费者因经营者利用虚假广告或者其他虚假宣传方式提供商品或者服务，其合法权益受到损害的，可以向经营者要求赔偿。广告经营者、发布者发布虚假广告的，消费者可以请求行政主管部门予以惩处。广告经营者、发布者不能提供经营者的真实名称、地址和有效联系方式的，应当承担赔偿责任。广告经营者、发布者设计、制作、发布关系消费者生命健康商品或者服务的虚假广告，造成消费者损害的，应当与提供该商品或者服务的经营者承担连带责任。社会团体或者其他组织、个人在关系消费者生命健康商品或者服务的虚假广告或者其他虚假宣传中向消费者推荐商品或者服务，造成消费者损害的，应当与提供该商品或者服务的经营者承担连带责任。

第四十六条　消费者向有关行政部门投诉的，该部门应当自收到投诉之日起七个工作日内，予以处理并告知消费者。

第四十七条　对侵害众多消费者合法权益的行为，中国消费者协会以及在省、自治区、直辖市设立的消费者协会，可以向人民法院提起诉讼。

六、《中华人民共和国社会保险法》相关知识

《中华人民共和国社会保险法》（以下简称《社会保险法》）是为了规范社

会保险关系，维护公民参加社会保险和享受社会保险待遇的合法权益，使公民共享发展成果，促进社会和谐稳定，制定的法律。主要有十二章，九十八条。

（一）社会保险

社会保险，是指收取保险费，形成社会保险基金，用来对其中因年老、疾病、生育、伤残、死亡和失业而导致丧失劳动能力或失去工作机会的成员提供基本生活保障的一种社会保障制度。

1.《社会保险法》的特点

根据《社会保险法》规定，我国的社会保险制度具有以下特点：

（1）公民参与，公民共享，公民监督；

（2）国家筹资，国家支持，国家监管；

（3）政府规则，政府管理，政府服务。

2. 社会保险法的基本原则

（1）广覆盖、保基本、多层次、可持续的原则。

广覆盖，要扩大社会保险的覆盖面，将尽可能多的公民纳入社会保险制度中来，确保他们在年老、疾病、生育、失业等困难情况，均能享受到从国家和社会获得物质帮助的权利。

保基本，我国现阶段的社会保险待遇以保障公民生活需要为主。原因有三：①受现阶段经济发展水平的限制；②避免高标准的社会保险对国家、用人单位和个人造成过重的负担；③根据某些保险的性质，实行相对较低的保险待遇可以避免有劳动能力的人过分依赖社会保险，而放弃以劳动为本的生存方式。

多层次，根据不同人群、不同领域的社会保险需求，设置不同层次的社会保险待遇。

可持续，社会保险基金要通过良性运作、妥善管理和严格监管，长期保持收支平衡和持续支付。

（2）社会保险水平与经济社会发展水平相适应的原则。

社会保险水平主要包括覆盖面、险种设置和保险待遇三个方面。这些都取决于社会保险基金的支付能力，而这种支付能力又取决于国民收入水平。

我国社会保险制度的发展历史，是一个覆盖面由窄到宽、险种由少到多、保险待遇由低到高的过程。

（二）商业保险

商业保险，即保险双方当事人（保险人和投保人）自愿订立保险合同，由投保人缴纳保险费，用于建立保险基金；当被保险人发生合同约定的财产损失或人身事件时，保险人履行赔付或给付保险金的义务。商业保险具有契约性、期限性、条件性、承诺性。

现代保险业务的框架主要包括：财产保险、人身保险、责任保险和信用保证保险四大部分。对人的生老病死作保障的，即人身保险。人身保险又分为人寿保险、意外伤害保险、健康保险。人寿保险对被保险人的生存或死亡状态做保障，意外伤害保险对意外造成的伤残或死亡做保障，健康保险对被保险人因疾病、分娩而造成的经济损失做保障。

健康保险有重大疾病保险、商业医疗保险。健康险的保险金的给付方式有两种，定额给付与补偿性给付。

重大疾病保险为定额给付：买了多少保额，理赔时就赔付多少。

医疗险为补偿性给付：医保报销之后自己花了多少，医疗险就赔多少（通常有一个起付线）。

家政保险也称作家政服务保险，家政服务综合保险的保险目的是化解雇主和家政服务人员在家政服务过程中发生意外伤害事故的风险。

1. 投保主体

家政服务责任险投保条件：依法在工商行政管理部门登记注册的家政服务经营者、家政服务从业者，均可作为《家政服务责任保险》的被保险人，参加本综合保险保障计划。

2. 综合保障

（1）法律依据

《民法典》《劳动法》《消费者权益保护法》《工伤保险条例》《最高人民法院关于审理人身损害赔偿案件适用法律若干问题的解释》等相关法律、法规及地方规章。

（2）保障范围

涵盖家政人员自身人身伤害、医疗费用、误工费损失，家政人员对第三者造成的人身伤害、财产损失，以及由此产生的法律、诉讼费用。

（3）赔偿项目

①死亡及意外伤害医疗费用赔偿金；

②残疾及意外伤害医疗费用赔偿金；

③无残疾意外伤害医疗费用赔偿金；

④因发生意外事故导致的误工费用；

⑤因发生意外事故导致的第三者人身伤害及医疗费用；

⑥因发生意外事故导致的第三者财产损失及相关费用；

⑦仲裁、诉讼产生的合理法律费用。

3. 保险责任及除外责任

（1）雇主责任保险

①在保险期间内，被保险人的雇员在其雇佣期间因下列情形致伤、残或死亡，依照中华人民共和国法律（不包括港澳台地区法律）应由被保险人承担的经济赔偿责任，保险人按照本保险合同约定负责赔偿：

在工作时间和工作场所内，因工作原因受到事故伤害；

工作时间前后在工作场所内，从事与工作有关的预备性或者收尾性工作受到事故伤害；

在工作时间和工作场所内，因履行工作职责受到暴力等意外伤害；

被诊断、鉴定为职业病；

因工外出期间，由于工作原因受到伤害或者发生事故下落不明；

在上下班途中，受到非本人主要责任的交通事故或者城市轨道交通、客运轮渡、火车事故伤害的；

在工作时间和工作岗位，突发疾病死亡或者在 48 小时之内经抢救无效死亡；

在抢险救灾等维护国家利益、公共利益活动中受到伤害；

原在军队服役，因战、因公负伤致残，已取得革命伤残军人证，到用人单位后旧伤复发；

法律、行政法规规定应当认定为工伤的其他情形。

②法律费用：

保险事故发生后，被保险人因保险事故而被提起仲裁或者诉讼的，对应由被保险人支付的仲裁或诉讼费用以及事先经保险人书面同意支付的其他必要的、合理的费用（以下简称“法律费用”），保险人按照本保险合同约定也负责赔偿。

③责任免除：

a. 被保险人直接或指使他人对其雇员故意实施的骚扰、伤害、性侵犯；

b. 战争、敌对行动、军事行为、武装冲突、罢工、骚乱、暴动、恐怖活动；

c. 核辐射、核爆炸、核污染及其他放射性污染；

d. 行政行为或司法行为；

e. 被保险人的雇员自伤、自杀、打架、斗殴、犯罪及无照驾驶各种机动车辆；

f. 被保险人的雇员由于职业性疾病以外的疾病、传染病、分娩、流产以及因上述原因接受医疗、诊疗；

f. 被保险人的雇员因非职业原因而受酒精或药剂的影响；

g. 被保险人的雇员因工外出期间以及上下班途中遭受意外事故。

h. 被保险人应该承担的合同责任，但无合同存在时仍然应由被保险人承担的经济赔偿责任不在此限；

i. 罚款、罚金及惩罚性赔偿；

j. 精神损害赔偿；

k. 投保人、被保险人在投保之前已经知道或可以合理预见的索赔情况；

l. 被保险人对其承包商所雇佣的员工的责任；

m. 在中华人民共和国境外（包括香港、澳门和台湾地区）所发生的被保险人雇员的伤残或死亡；

n. 国家基本医疗保险和工伤保险药品目录之外的医药费用以及工伤保险诊疗项目及住院服务标准范围之外的医疗费用；

o. 假肢、矫形器、假眼、假牙和配置轮椅等辅助器具；

p. 住宿费用、陪护人员的误工费、交通费、生活护理费、丧葬费用、供养亲属抚恤金、抚养费；

q. 本保险合同中载明的免赔额。

r. 其他不属于本保险责任范围内的损失、费用和责任，保险人不负责赔偿。

为满足人们的需求，保险产品也日益改善，身为专业的家政服务人员，应该知法懂法，保护雇主人身与财产利益，更应保护好自己。

第三章　收纳工具及使用

第一节　收纳工具分类

一、收纳工具的概念

收纳工具是指用于整理、存储、归类、保护、管理物品的工具和设备。收纳工具可以帮助人们更好地利用空间、保护物品、提高工作效率、降低工作压力和提高生活品质。常见的收纳工具包括但不限于：衣架、衣柜、储物箱、抽屉、置物架、书架、文件夹、笔筒、收纳箱、袋子、鞋柜、收纳架等。收纳工具可以根据具体的要求和场景进行选择组合使用。不同的收纳工具适用于不同的物品和场合，选用合适的收纳工具会让我们的生活更加整洁、有序和高效。

二、收纳工具的类别

收纳工具类别包括收纳式家具和收纳式工具，收纳式家具是强收纳工具，收纳式工具是弱收纳工具。

1. 收纳式家具

收纳式家具可有效释放空间以便居住者储存物品，避免拥挤。收纳式家具可分为多功能式家具、折叠式家具、嵌入式家具等。

（1）多功能式家具：多功能式家具是一种在传统家具初始功能的基础上，实现其他功能的现代家具类产品。具有一物多用、功能齐全、款式新颖、造型简约的特点。如多功能床，配有书桌、床、储物等功能，占地面积小，拆装方便。

多功能式家具

（2）折叠式家具：折叠式家具通过折叠的方式，减少家具占用空间体积，有效节约并利用空间。如折叠餐桌。

（3）嵌入式家具：嵌入式家具将储物功能隐蔽，最大化节省了空间。如嵌入式玄关柜。

折叠式家具

嵌入式家具

2. 收纳式工具

（1）按功能分

储物型：如储物柜、收纳箱、储物篮等。

悬挂型：如衣架、鞋架、悬挂式置物架等。

支撑型：如书架、衣柜、餐具柜等。

分隔型：如抽屉、文件夹、隔板等。

（2）按材质分

木制收纳工具：如实木书架、木制衣柜、木制收纳箱等。

金属收纳工具：如金属衣架、铁架子、金属储物柜等。

塑料收纳工具：如塑料收纳箱、塑料置物架、塑料衣架等。

（3）按用途分

衣物收纳工具：如衣柜、衣架、收纳袋等。

鞋履收纳工具：如鞋柜、鞋架、鞋盒等。

书籍收纳工具：如书架、书柜、书盒等。

文件收纳工具：如文件夹、文件柜、文件盒等。

厨房收纳工具：如餐具收纳架、厨具收纳架、备用物品储物柜等。

浴室收纳工具：如化妆品架、浴巾架、洗护类置物架等。

三、家庭收纳工具

家庭收纳工具的种类很多，一般会根据不同的使用场景进行设计和选择，常见的工具类别有：

1. 收纳箱和收纳盒

用于家庭多个场景的收纳工具，适合存放小物品，如玩具、书籍、文具、电线等。

收纳箱

收纳盒

2. 衣架和衣物收纳架

衣服需要悬挂时可选择衣架，其材质多样，有木质、金属、塑料等。可悬挂外套、T 恤、裤子等衣服，节省空间的同时还能保持衣服的挺阔。

衣物收纳架

3. 储物柜和抽屉

这类工具主要用于存储各种物品，起到细化分类的作用。储物柜通常是一个有门的储物空间，可以用来存放和分类多种物品。可用于存放较大的物品，如衣物、鞋子、文件、书籍等。抽屉是一种可以滑动或推拉的储物空间，通常嵌入储物柜、衣柜或桌子等家具中。可用于存放内衣、袜子、文具、首饰等小件物品。

储物柜

抽屉

4. 书架和展示架

书架是用来存放和展示书籍、文件夹、杂志等阅读物的家具，它们通常具有多层或多个隔板，可以将书籍按照分类或主题有序地摆放，也起到装饰作用。展示架则更侧重于展示各种装饰品、收藏品、艺术品等。它们通常具有不同的层板、架子或搁板，可以根据需要调整高度和间距。通过使用展示架，把物品有序地陈列出来，可以增加空间的美感和艺术性。

书架

展示架

5. 垃圾桶和垃圾袋

垃圾桶和垃圾袋是生活中最常见的收纳工具，也是很多家庭会忽略不重视的一类工具。垃圾收纳类工具对家庭美化和维持清洁起非常大的作用。垃圾桶一般有塑料、金属和不锈钢等不同材质。

6. 鞋盒和鞋架

鞋盒和鞋架的主要用于存储鞋子。鞋盒是用来存放单双鞋子的容器，它可以保护鞋子免受灰尘和损坏。鞋架是用来存放大量鞋子的支架，节省空间，方便取用。一般换季类的、使用率不高的、特殊场合的鞋子通常放入鞋盒；而进出门常穿的鞋子，可以置放于鞋架上。

鞋盒

鞋架

7. 厨房收纳工具

厨房里的各类物品较多，基于物品的不同属性会选择不同的收纳工具。厨房里常用的收纳工具有厨房置物架、餐具托盘、厨房分类盒、食品保鲜盒等。

8. 洗手间收纳工具

洗手间是一个需要干湿分离的空间，对于防潮和卫生要求较高。良好的防水材料、通风系统及清洁防霉措施可以让浴室保持干爽。洗手间常用收纳工具有防腐蚀置物架、墙壁挂钩、防潮收纳篮等。

四、收纳工具的属性

收纳工具的属性指的是工具所具有的特征、性能和功能。不同的收纳工具有不同的属性，这些属性决定了收纳工具在特定任务中的效能和适用性。收纳工具的属性可以有很多种，一般是根据研发厂家的创意和市场需要来定义。

1. 大小

收纳工具尺寸通常有不同的大小选项，可以适应大小不同的物品，需要整理收纳师先测量好尺寸再进行判断和购买。收纳工具的大小也决定了容量，需要根据用户物品的大小来选择，小的物品可用收纳盒，大的物品可以选择大容量的储物柜。

2. 质量

收纳工具的材质和质量较为重要，好的质量可以保证收纳工具的使用寿命和效果，也能更好起到保护物品的作用，不同的材质收纳工具应用的场景也不一样。

3. 外观

收纳工具的外观不仅影响美观度，还影响使用方便性。例如：透明的盒子可以从外观上识别所储存的物品，而一些木制类、陶瓷类的工具更适合做展示类的工具。

4. 功能

收纳工具的功能也是重要的因素之一，一般以“一物多用”为优先考虑，避免浪费。例如，某些收纳箱可以叠放、某些储物柜可以分层，可以在厨房用，也可以在书房或洗手间使用。

5. 安全性

选择正规厂家的收纳工具安全有保障，严格按操作说明进行使用，避免造成意外伤害。用于婴儿产品的收纳工具，一定要考虑材质、使用场景的安全性。

6. 维护

收纳工具后期的清洁、维护是较为困难的事情。在选择收纳工具时，整理收纳师就要考虑如何帮助客户建立维护的规则，若一些收纳工具清洁维护不够方便也不是理想的收纳工具。

五、收纳工具颜色的选择

市场里销售的收纳工具颜色多种多样，可选择的范围较广，在整理收纳工作中，收纳工具颜色的选择也是非常重要。

1. 选择明亮的颜色

明亮的颜色可以提高整理收纳工作的兴趣和积极性，让整个空间更加明亮、清爽。例如黄色、橙色、蓝色等，都是比较明亮的颜色，可以增加整个空间的活力，但不建议大面积使用。

2. 选择与空间风格相符的颜色

收纳工具的颜色也要与整个空间的风格相符合，避免产生冲突和不协调的感觉。如果整个空间的风格是简约现代风格，可以选择黑色、白色、灰色等颜色的收纳工具。

3. 选择与收纳物品相符的颜色

收纳工具的颜色也要与收纳物品相符合，避免产生不协调的感觉。例如，收纳的是儿童玩具，可以选择彩色式卡通图案的收纳箱或收纳篮，让整个空间更加活泼，也可提高孩子整理玩具的兴趣。

4. 选择易于清洁的颜色

收纳工具的颜色也要考虑易清洁和维护。例如，白色的收纳工具虽然看起来干净明亮，但是容易脏污，不易清洁，因此不适合在厨房等易脏的空间使用。

5. 不同颜色收纳工具的优势

（1）透明色。透明色的收纳工具可以让您轻松看到箱子内部的物品，有助于取出和储存。

（2）白色。白色的收纳工具简洁、干净，适合用于家居衣柜、书柜。

（3）黑色。黑色的收纳工具显得稳重、坚固，是适合经常使用的工具，一般用于家庭工具箱和工厂的零配件收纳盒等。

（4）各类鲜艳色。如红色、橙色的收纳工具，除了显得热情动感外，适合搭配使用和家庭展示类使用。

六、收纳工具的测量方法

为了避免购买不合适的收纳工具带来不必要的麻烦，购买之前需要确定实际需要的尺寸和容量，并仔细考虑收纳工具的功能和材质，以下是收纳工具的测量方法：

1. 长度

使用卷尺或直尺测量收纳工具的长度，通常以厘米为单位。将卷尺或直尺放在收纳工具的一端，然后沿着收纳工具的长轻轻滑动，直到测量到另一端的长度。

2. 宽度

使用卷尺或直尺测量收纳工具的宽度，通常以厘米为单位。将卷尺或直尺放在收纳工具的一端，然后沿着收纳工具的宽轻轻滑动，直到测量到另一端的宽度。

3. 高度

使用卷尺或直尺测量收纳工具的高度，通常以厘米为单位。将卷尺或直尺放在收纳工具的一端，然后沿着收纳工具的高轻轻滑动，直到测量到另一端的高度。

如果要购买储物箱、储物柜、书架等收纳工具，需要确保收纳工具的长度、宽度和高度满足物品存储的要求，在测量物品长度、宽度和高度时要留有一些余量，考虑收纳工具的边、角等。

七、收纳工具的材质

家庭使用的收纳工具材质多样，如塑料、木材、不锈钢、竹子和织物等，每种材质都有优缺点。要根据家庭需求和实际情况选择最合适材质的收纳工具。

1. 塑料

塑料是一种常见的收纳工具材质，它具有轻便、耐用、防水等特点。塑料制品通常价格较低，适用于存放轻型物品，如塑料储物箱、收纳盒等。

2. 金属

金属材质的收纳工具通常更坚固耐用，适用于存放重型或锐利的工具。常见的金属材质包括钢铁、铝合金等。如金属工具箱、铁质储物柜等。

3. 木质

木质是一种传统的收纳工具材质，它具有自然美观和环保等特点。木质收纳工具通常用于存放衣物、书籍、文件等。如木质衣柜、书架等。

4. 纤维板

纤维板是一种由木材纤维制成的板材，它具有较高的强度和稳定性。纤维板收纳工具通常用于存放衣物、鞋子、文件等。如纤维板衣柜、鞋柜等。

5. 织物

织物材质的收纳工具通常柔软轻便，适用于存放衣物、饰品等。常见的织物收纳工具包括布艺收纳袋、布艺收纳箱等。

6. 无纺布

又称非织造布或不织布。它是利用天然纤维经新技术加工而成的，具有柔软和透气功能的新型纤维制品。不易受潮，防蛀又防霉，而且收放简便，可以灵活拆装，常见的有无纺布收纳袋、无纺布收纳箱等。它们可以用于存放衣物、鞋子、玩具、书籍等各种物品。

7. 纸箱

从种类上可分为彩印箱和牛皮箱两大类。主要有三层和五层纸箱，它们是由面纸、瓦楞纸、和里纸复裱模切而成的。牛皮纸盒的瓦楞纸很重要，常用的是双面瓦楞三层纸板和双芯双面五层纸板，在书房使用较多。如有带盖文件收纳盒，纸质书立等。

第二节　收纳工具的使用

一、收纳工具不同场景的材质要求

不同空间收纳工具的材质要求不同，根据实际使用情况去选择。如果要长期使用，耐用、防水、轻便和易清洁等特点毫无疑问是需要考虑的。

1. 卧室场景

卧室的收纳工具通常选择织物、纺织品、塑料、细藤编织、木材制作的收纳盒、分类盒、储物柜等。这些收纳工具能够保护衣物，避免衣物变形、损坏，同时也有较高的透气性，可以帮助衣服保持干燥、清新。

2. 厨房场景

厨房常常需要存储各种厨具、餐具、调料等物品，因此可以选择耐用、防水材质制作的收纳工具。例如不锈钢、塑料、竹子等材料的厨柜、调料架、餐具收纳盒、烤箱架等，这些材质具有防潮、易清洁等优点。

3. 客厅 / 起居室场景

客厅或起居室通常需要陈列艺术品、书籍、玩具、小装饰品等物品，因此可以选择木材、金属和塑料制作的书架、储物箱、收纳篮、架子等。它们耐用、易清洁，能保护储物物品安全。

4. 洗手间场景

洗手间收纳工具应该选用防水、防潮、耐用的材质。例如塑料、不锈钢制作的收纳篮、置物架等。这些材质具有耐腐蚀、易清洁等优点，能够帮助浴室保持干净、整洁。

二、选择收纳工具的注意事项

选择合适的收纳工具可以提高储物空间的利用率和生活效率，让生活更加方便和美好。选择收纳工具应该注意以下几点：

1. 物品种类和大小

不同的物品需要不同的收纳工具，比如换季鞋子需要换季收纳盒，书籍需要书架等。在选择收纳工具时，要先了解所需收纳物品的种类和大小，然后选择相应的收纳工具。

2. 空间大小和形状

在选择收纳工具时，要考虑家庭空间的大小和形状，选择适合家庭空间的收纳工具。比如，小空间适合选择储物袋、折叠收纳柜等收纳工具，而大空间适合选择收纳箱、书架、衣柜等收纳工具。如床底收纳箱的尺寸通常比一般收纳箱大，适合放置高度较低的物品。

3. 材料质量

收纳工具的材料质量对收纳效果有着重要的影响。优质的材料可以保证收纳工具的稳定性和耐用性，且更加方便和实用。材质轻的收纳工具方便携带和移动，如适合衣柜的布艺收纳筐；防腐蚀的收纳工具能防止生锈，如阳台置物架。在选择收纳工具时，要选择质量有保证的产品。

4. 设计风格

收纳工具的设计风格也是一个重要的考虑因素，可以选择与家居装修风格相符合的收纳工具。比如，现代简约风格的家居可以选择简约风格的收纳工具，中式风格的家居可以选择中式风格的收纳工具。

5. 价格

价格是选择收纳工具时需要考虑的另一个重要因素。根据预算和需求选择合适的收纳工具，要注意价格与品质之间的平衡，不要只追求低价而忽视品质。

三、收纳工具的采购要求

收纳工具的采购要求包括实用性、耐用性、空间利用率、价格合理等。在采购收纳工具时，要根据实际需要和个人使用习惯等情况综合考虑。

1. 实用性

采购的收纳工具需要满足实际需求，能够有效地收纳和整理物品。应该具备足够的容量和适当的分隔功能，以便于物品分类和物品的储放。

2. 耐用性

选择收纳工具要考虑产品的使用寿命，选择耐用的、透气的、不褪色的、不变形的、环保的产品。

3. 空间利用率

收纳工具应该具备充分利用存储空间的功能，尤其是在有限的空间条件下，选择可以堆叠、折叠或挂放的工具来节省空间和便于取拿。

4. 清晰可见

根据空间和场景的需要，选择有透明或标记功能的收纳工具，可以方便地查看和辨认物品，减少翻找和乱放。

5. 价格合理

收纳工具的价格也是考虑的因素之一。在采购收纳工具时，要选择价格合理、性价比高的产品，不要盲目追求高价位的产品。

四、收纳工具安装注意事项

正确安装收纳工具能够更好地整理物品和发挥收纳工具的效用。在安装收纳工具之前，要仔细阅读组装指南并遵循装配方法。可以先做市场调查，比较不同品牌和型号的收纳工具价格。

首先，需要选择安装收纳工具的位置，需要确保安装位置稳固，平稳，不影响正常使用；其次，在安装之前确定需要哪些工具，例如螺丝刀、螺钉、钻头等，以免在安装过程中出现工具额外损坏的情况；最后，安装收纳工具要根据安装指南的步骤逐一装好，避免安全隐患。

五、收纳工具的使用场景知识

收纳工具可以帮助我们更好地保护物品，也可以更好地管理物品并追踪你所有物品位置，甚至能帮助对物品进行清单式记录。在家庭中，如用收纳盒收纳衣物、鞋子、书籍、玩具等。在办公室环境中，我们通常需要收纳文件、文具、办公用品等。常见的办公室收纳工具包括文件柜、文件夹、文件盒、笔筒等，这些工具可以帮助我们管理办公室物品，提高工作效率。而在商店环境中，收纳工具的使用场景也很重要。常用于存放和展示商品，如货架、展示柜、储物箱；现代生活中我们开的汽车，也需要收纳各种物品，如工具、紧急用品、行李等。常见的车载收纳工具包括后备箱收纳箱、车用收纳袋、行李架等，这些工具可以帮助我们充分利用车内空间，保持车辆整洁有序。生活工作中还有许多其他特定的收纳场景，如户外公共空间、学生宿舍、医疗废物等，因此在选择收纳工具时，需要根据具体的使用场景和需求来选择合适的工具。

第四章 柜体整理收纳

第一节 玄关柜的整理与收纳

一、玄关柜的概念

玄关柜又是入门展示柜，它起到了视觉屏障作用，既保护人们入室之后行为的私密性及隐蔽性，又保证了厅内的安全性和距离感。也方便出门入室过程更加有序。玄关柜通常安装在房屋玄关处，用于存放鞋子、雨具、生活工具等日常生活用品。玄关柜的设计样式和大小可以根据房屋装修风格和实际需要来选择，常见的材质有实木、人造板、金属等。

二、玄关柜的收纳功能

玄关柜是我们日常生活中不可或缺的家具，在储物的基础上还有装饰功能，在某些户型小的房屋还起到了隔断功能。玄关的功能时需要根据空间、需求和风格来确定。

1. 储物功能

大型玄关柜通常有多个抽屉、鞋柜、衣帽架等功能区域，可以用于存放常用鞋子、衣帽、雨具等日常物品，还可以存放一些常用的生活用品，如清洁用品、工具等。而小型的玄关柜一般是一个独立的柜子，可能有一些层架和抽屉，满足入门之后日常鞋子和日用品的放置。

2. 隔断功能

玄关柜可以将玄关与客厅、餐厅等空间隔开，不仅可以增加私密性，也可以提高居住的舒适度，使整个居室更加整洁有序。可以选择用玄关柜、玄关屏风、玄关展示架进行隔断。

3. 装饰功能

玄关柜还可以作为装饰品，根据自己的喜好和房屋装修风格选择如玄关装饰柜，可放置艺术品、展示品、临时类物品等。

三、玄关柜整理前准备要求

入户玄关不仅仅是进门的缓冲区，也是入门之后衣物、生活用品的聚集地。入户玄关一般有换鞋凳、脚垫、入户拖鞋、衣帽等物品。在玄关柜整理前，首先要充分利用有限的空间，确保功能的实现和便利性。其次是玄关美观与舒适性的兼容，通过个性化的整理收纳和装饰，营造出温馨、舒适的氛围，也体现出家庭成员的个人喜好，因此收纳整理前可从几个方面考虑。

（1）了解玄关结构和储物量：对于现有的玄关柜有根本的认识，计算需要放置物品的类型和数量。

（2）准备必要的工具：把现有物品全部取出来分类计数，测量玄关柜可再利用的空间，规划出相应的物品放置位置，选择合适的收纳工具，并充分考虑收纳工具便利性和美观性。

（3）制定购买收纳产品的计划：根据物品种类和数量判断是否需要增加收纳工具。根据需要选购一些适合放置在玄关柜中的收纳工具，如鞋架、伞筒、分类盒等。

（4）设计整理玄关柜的方案：不同的物品需要分门别类设定好位置，比如鞋子、伞、帽子、手套、快递等，根据玄关柜的具体情况分类摆放。

四、玄关处物品整理方法

做好玄关处鞋子的收纳和为杂物设定空间是必不可少的流程，玄关处收纳最多的物品是鞋子，其次是功能不明确杂物，其方法如下：

1. 集中物品

集中物品目的是看清物品类型和数量，同时方便集中清洁、筛选和储放。在筛选物品的同时也是对物品数量进行统计的过程，保留真正需要的物品。根据物品的数量和形态就容易制定储物规划，整理也会变得很轻松。

2. 物品分类

将物品合理分类，可根据家庭成员、物品属性、当前季节、使用频率进行分类。物品分类的目的是对现有物品实行清晰化、规范化储放，使物品一目了然。遵循“先入先出”的管理原则，并把使用频高的物品优先放在前面。

3. 筛选物品

物品筛选的主要目的是找出所需要的某类物品，筛选出有价值的物品。为了保证所用的筛选方法能够得到认可，必须要对其家人的习惯、生活轨迹、工作出入场合进行识别。为了保证筛选出来的物品具有代表性，一般可以从物品数量、物品使用优劣、物品使用频率三个部分着手。筛选过程是建立在专业的技能和业主信任的基础上。

五、玄关柜内物品整理方法

1. 分类整理

对玄关柜内物品分类是一个细致而有意义的过程。需要将物品按照不同类别进行分类，如日用品、文具、工具等；为每个类别分配一个合适的收纳空间。

2. 精简物品

在收纳物品前，筛选出那些不需要的或者已经过期的物品，对其彻底清理。对于重复的或不常用的物品，也需要同步分类收纳，调整地方储放。

3. 使用收纳盒

玄关柜内细碎物品多时，收纳盒能够有效地利用空间、防尘、集中收纳、取拿方便等作用。当物品类别较多时，将相似的物品放在同一个收纳盒内，但选择的收纳盒要与玄关柜内空间尺寸相符。

六、玄关柜物品收纳的原则

玄关区域是一个家收纳的起点，一旦玄关区域收纳混乱，家里物品无序感就产生了，就像多米诺骨牌效应一样，餐厅、客厅、卧室、阳台等空间就会被占用。因此玄关柜内物品的收纳就非常重要了。

1. 划分区域分类摆放原则

玄关柜储放的物品各式多样，需要进行有效的区位划分，可以划分出储放位或周转区。储放位是指将物品有序整齐的放置在指定的且固定的位置上，并形成习惯，提高整理效率。周转区是指临时存放物品的区域，如快递收纳区、客人物品临放区或刚采购回来的物品暂时放在玄关处，不具备稳定性，需要尽快清空。

2. 常用先出原则

常用先出原则指在物品管理中，按照物品使用频率顺序整理好，提高取用时的便利。如入门拖鞋一般都放在鞋柜下，方便快速更换；而一些在特殊时间用的如雪地靴，在不需时的时间就收纳入盒；对于下雨天气使用的鞋子，需要建立中转的放置空间，如沥水托盘式周转鞋架。

3. 定期整理指导原则

定期整理指导是梳理整理维持的方法，对于难整理的区域进行思考、归类，给出对应的解决思路，在指导过程中遇到难收纳的物品时不用过分收纳，可以用一些变通的方式来达到收纳的效果。比如，长柄伞没有工具收纳，可以在墙角做一个绳栏，把长柄伞放在里面。

七、玄关柜内物品收纳方法

在收纳玄关前，需要结合玄关柜收纳原则，先列出抽屉里需要放置物品的具体清单（如物品清单表），不计划放在玄关柜抽屉的物品需要清理出去，其流程如下。

物品清单表（样表）

名称	总数量	使用率(高、低)	放台面物品	入屉物品	特殊物品
设备类					
工具类					
日用品类					
鞋类					
装饰类					

（1）列出需要物品大类，如设备类、工具类、日用品类、鞋类等。

（2）列出每大类物品的规格及最低需求数量。

（3）每一个抽屉标记放置物品的类型。

物品的清单表可以帮助我们根据使用频率来放置物品。如玄关柜第一个比较顺手的抽屉可以放置常用的物品，可以是收寄快递时用的剪刀、胶带等工具，也可以是其他一类常用物品；第二个抽屉收纳个人防护类工具：墨镜、帽子等，第三个抽屉用于户外护理类工具，如消毒液、蚊虫消杀类等。

玄关柜内物品的收纳与柜体的大小、高矮有直接关系。大玄关柜通常具有大功能的柜体，可设计有衣服悬挂空间，主要用于储放进出门常用的衣物，如外套、围巾、挂包、帽子等。

若玄关区域没有一个很明确的划分，且放置零碎物品太多，在不影响物品摆放、不妨碍家人出入、不占据太大空间的情况下可以放置小型门厅架、换鞋凳、储物柜存放物品，也可以用悬挂式收纳工具收纳必需的、常用的小物品。

八、玄关柜面的展示方法

玄关柜的台面布置可以展示个人的品位和风格。利用台面上陈列一点艺术品，放置一束鲜花或一个小型盆栽，增加进门的生机和温馨的氛围；也可以选择一个装饰性的托盘，用来放置钥匙、零钱或其他小物件；无论是选择美观实用的收纳盒，还是便于储物的挂钩，都要求保持整洁有序。

九、玄关柜抽屉内物品的收纳方法

玄关柜抽屉的整理并不复杂，将抽屉内的物品分隔管理，可使抽屉内空间最大化。为了避免抽屉凌乱，可通过理、分、放三个步骤来收纳：

理：清理和清除，把不适合放在玄关抽屉的物品先清理出来，如尺寸不合适的物品、不会使用的各类雨伞等。

分：分出位置，把物品的类型做好标识张贴在抽屉上；玄关柜的抽屉一般由2~3 个构成，顺手的空间一般选择放使用频率最高的物品；次之放使用次频率的物品；抽屉内空间较大的可以放置分隔工具进行分格使用。如该抽屉放置工具类，可以剪刀放一格，小型维修工具放一格，胶带类放一格等。

放：放置时需要根据物品的大小来选择位置，即便是空间富裕也要控制物品数量的上限，比如消毒类的清洁用品 1~2 瓶就足够支持家人使用，没有必要放很多。

十、玄关周围物品收纳的注意事项

很多家庭会在玄关处增加衣服架，挂回家后的衣服；添置鞋柜弥补凌乱；用玄关周围装饰让整个空间看起来更清爽。在整理收纳时要选择创意、造型、大小合适的收纳工具，如壁挂式收纳工具可直接的收纳包、衣服等。再如选择一物多用的鞋凳，既可做收纳又能坐放，也不至于让玄关拥挤。

玄关处的安全也是至关重要的。安装一款温暖的灯，配上一款干净的小地毯，增添光亮的同时还防滑。门口的地毯要常洁常新，将灰尘在门口做一个隔离，让家人有回家的清爽感。玄关周围的物品收纳需要根据实际需求和家庭喜好进行调整和改进，以便更好适应家庭的需求。

第二节　鞋柜的整理与收纳

一、鞋柜的概念

鞋柜是一种专门用于存放鞋子的收纳家具，通常放置在玄关、门厅、走廊等区域。鞋柜的外形一般是矮而长，具有多个层板或抽屉，可以方便存放各种类型的鞋子，如皮鞋、休闲鞋、高跟鞋、靴子、拖鞋等。鞋柜不仅可以将鞋子集中储存，使其不易丢失，还可以保持房屋的整洁和卫生。在进入家门之前，将鞋子放置在鞋柜里，可以避免将外界的尘土和细菌带进屋内。常见鞋柜可分为木质鞋柜、塑料鞋柜、电子鞋柜、消毒鞋柜等。

二、鞋柜种类及特点

鞋柜是家庭常用的收纳家具，进门换鞋并放入鞋柜也能体现个人生活礼仪，是良好的生活修养，且让居室保持整洁。下表是鞋柜的分类及特点：

鞋柜种类	示意图	特点
嵌入式鞋柜		嵌入式鞋柜一般是和进门吊顶结合，利用墙面的空间进行储物的，其储物容量大，高处取拿需要借助工具
隔断式鞋柜		隔断式鞋柜上半部分是隔断屏风，下半部分是鞋柜，通风透光的同时满足日常鞋子储放
独立式鞋柜		独立式鞋柜不仅满足鞋子的收纳储放，还能收纳日常的物品

续表

鞋柜种类	示意图	特点
开放式鞋柜		开放式鞋柜利用墙壁和延伸隔板等做出不同款式的鞋柜。其缺点是容易落灰，不美观，需经常打扫
成品鞋柜		玄关较小，根据需要添置成品鞋柜，靠墙放置，成品鞋柜的尺寸按需求选购
吊柜鞋柜		在空间有限的情况下，平衡美观和储物难题，增加收纳空间

三、整理鞋柜前的准备要求

整理鞋柜前，需要做好充分的准备工作，以便高效地完成整理工作，使鞋柜变得整洁、美观。

1. 清空鞋柜

需要将鞋柜内的所有鞋子和物品全部取出来，清空鞋柜。

2. 准备清洁工具

需要准备好清洁工具，如抹布、清洁剂、吸尘器等。

3. 准备分类工具

整理鞋柜需要准备好分类工具，如鞋盒、收纳盒、标签等。也可根据鞋柜的大小和鞋子数量选择收纳工具。

4. 检查鞋子

在整理鞋柜前，需要检查鞋子的状态是否需要修理、是否需要清洗。

5. 规划鞋柜空间

在整理鞋柜前，需要规划好鞋柜的空间，预估能放入鞋子的数量，以便将鞋子分类整理并放置到合适的位置。

6. 制定整理计划

在整理鞋柜前，需要制定整理计划。首先，清理过季的鞋子、损坏的鞋子、不合适的鞋子等。其次，对主家庭成员日常的鞋子、换季的鞋子的区域进行划分。第三，做好鞋子记录表，包括鞋子名称、男女、款式、数量、存放位置等信息。

四、鞋柜整理方法及注意事项

整理鞋柜是为了让使用者容易了解、取用鞋子。经常整理是保持清洁的有效方法。在摆放鞋子时从上往下或从下往上进行摆放鞋子，会有参差不齐的感觉，所以整理及摆放鞋子时应从中段开始，以中段为基准，上下段就可以有标准来对齐。鞋柜里鞋子也建议用奇数排列，比如三双、五双。

鞋子摆放遵循显眼原则，平视可见的位置是常穿的，需要眼睛下移视线的放置次常用的鞋子；而视线上的可以放置不常用的或者特殊场合用的鞋子。鞋柜整理过程还要注意以下几点：

1. 整洁干净

鞋柜必须保持干净整洁，定期清理和消毒，避免积尘和细菌滋生。

2. 分类明确

鞋柜内的鞋子要按照种类进行分类整理，比如运动鞋、皮鞋、拖鞋等。分类明确方便找鞋、穿鞋。

3. 利用好鞋柜空间

对于容易变形的鞋子，如皮鞋或靴子，可以使用鞋撑或报纸等物品来保持鞋子的形状。而对于一些可以折叠的鞋子，如拖鞋或帆布鞋可以将它们折叠起来，以节省空间。鞋柜的门背面安装一些挂钩用来挂放小雨伞、薄拖鞋等物品，最大化地利用鞋柜的空间。

五、鞋子集中筛选及注意事项

在筛选鞋子时，需要注意鞋子的状态、用途、季节、颜色、品质等方面，以便更好地管理和使用鞋子。同时，需要淘汰过时、不舒适、不常穿的鞋子，以保持鞋柜的容量。

1. 鞋子的状态

检查鞋子的状态，如是否磨损严重、是否有裂缝、是否有异味等，如果鞋子已经损坏或者有异味，建议淘汰或者修理。

2. 鞋子的用途

根据鞋子的用途分类筛选，如运动鞋、休闲鞋、正装鞋等，根据自己的职业来筛选鞋子也是很好的方法，以帮助提高鞋子的使用率。

3. 鞋子的颜色

根据鞋子的颜色，如黑色、白色、棕色等，进行分类筛选，以便更好地搭配衣服。女性百搭鞋子的颜色是裸色、黑色、米色等、男士百搭鞋子的颜色是黑色和棕色。

4. 鞋子的品质

根据鞋子的品质、品牌、材质等，进行分类筛选，以便更好地管理和使用鞋子。在筛选鞋子时，淘汰鞋子可以从以下几个方面判断。

（1）不保留过时的鞋子：如果鞋子已经过时或者不再适合自己的风格，建议淘汰。

（2）不保留不舒适的鞋子：如果鞋子穿着不舒适或者不合脚，建议淘汰。

（3）不保留重复的鞋子：如果已经有相似的鞋子，超过三双建议淘汰。

（4）不保留不常穿的鞋子：如果鞋子很久没有穿过，建议淘汰。

六、鞋子分类方法

鞋子有多种分类方法，常见的有如下几种：

（1）按穿用对象分：有男、女、童鞋等；

（2）按季节分：有单、夹、棉、凉鞋等；

（3）按材料分：有皮鞋、布鞋、胶鞋、塑料鞋；

（4）按款式分：鞋的头型有方头、方圆头、圆头、尖圆头、尖头，跟型有平跟、半高跟、高跟、坡跟，鞋帮有高鞡、低鞡，中筒、高筒；

（5）按用途分：有日常生活鞋、劳动保护鞋、运动鞋、旅游鞋、负跟鞋、增高鞋等。

七、鞋子收纳方法

1. 鞋柜内收纳

鞋柜内收纳可以是把鞋子直接排列在鞋柜里，也可以是把鞋子装进收纳工具后排列摆放。鞋柜收纳一般是平放为主，可以根据鞋子的类型和大小来摆放，将相似的鞋子放在一起，鞋尖朝柜壁摆放。由于鞋子的体积很难压缩，可利用“Z”字形收纳和竖放来提升储放空间。“Z”字形收纳是把鞋子一只脚尖朝前，一只脚后跟朝前错开摆放，有效利用鞋柜的垂直空间，提升收纳能力；竖放是利用鞋柜的纵向空间。

2. 借助工具收纳

悬挂式收纳法：悬挂式收纳袋是一种方便的收纳工具，可以将鞋子悬挂起来，节省空间并保持鞋子的形状。可以将收纳袋挂在门板或墙壁上，因此适合收纳轻薄类的鞋子，如拖鞋、布鞋等。确保每双鞋子在放置时有足够的空间，也避免互相挤压和变形。

鞋盒收纳法：将鞋子放在鞋盒中，并在盒子上标注鞋子的种类和颜色，可以有效避免鞋子混乱和灰尘的侵害。

鞋架收纳法：选择合适的鞋架，将鞋子分类放在鞋架上，可以更好地展示鞋子，也便于取用。

鞋盒收纳发

鞋架收纳法

鞋袋收纳法：将鞋子单一放在鞋袋中，然后放在柜子里，可以节省空间，也能保护鞋子不被灰尘污染。

收纳箱收纳法：使用透明的收纳箱，将鞋子分类放置，方便查找和取用，也可以避免鞋子受到灰尘的侵害。

展架收纳：一些好看的鞋子想以展示的方式进行收纳，一般会选择透明的展示柜或是鞋店的展示架进行收纳，能展示鞋子的美观，也易清洁。

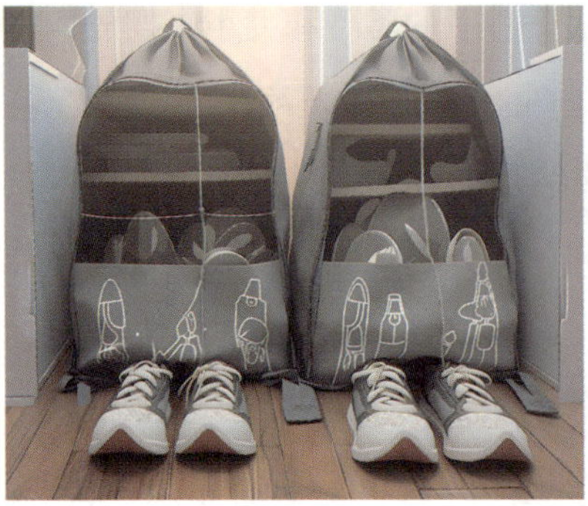
鞋袋收纳法

收纳箱收纳法

常见的鞋子收纳工具有：

名称	图示	特点
悬挂式鞋袋		可在墙壁上钉金属管，将鞋子整齐的“挂”在墙壁上，并可利用鞋子的色彩装饰墙壁
托盘式鞋托	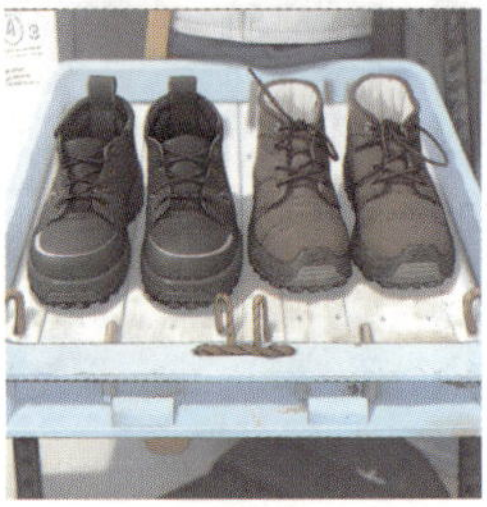	托盘式鞋子收纳适合狭小的空间，干净卫生、方便实用
抽屉式鞋盒		鞋柜空间不够时可以选择透明的抽屉式鞋盒进行收纳

续表

名称	图示	特点
隔板式鞋架		利用免钉隔板，增加柜内储物空间，增加收纳鞋子的数量
上下层式鞋架		上下层式鞋架是置放在鞋柜内的独立架子，把过高的空间分成上下层，使鞋子在垂直方向上堆叠，节省空间
扩容收纳鞋架		扩容收纳鞋架是通过隔板把鞋柜或鞋架增加储存空间，满足鞋子的放置需求

八、鞋子收纳注意事项

在收纳鞋子时，除了需要注意分类收纳、利用空间等方面，也需要根据鞋子的用途和季节选择合适的收纳位置，选择合适的收纳工具，做到定期整理鞋柜，才能保持鞋柜的整洁和美观。

1. 分类收纳

将鞋子按照种类、用途、季节等分类收纳，以便更好地管理和使用鞋子。在鞋子分类时建议选择一种分类标准，保持一致性，确保分类清晰明了。

2. 精选收纳工具

鞋子不宜叠放，选择合适的收纳工具保护鞋子不变形，延长使用寿命。

3. 标记鞋子

当季常穿的鞋放在易于取用的位置，换季的鞋可以放在不易取用的位置。换季的鞋子可以使用标签、贴纸等方式标记鞋子的存放位置，以便更好地辨认和管理鞋子。

九、鞋子清洁用品的收纳方法

有盖收纳箱

鞋子清洁用品一般采取封闭式的方式储放较为理想，可以使用收纳盒、鞋盒等不同的工具进行收纳，根据自己的需要和喜好进行选择。小型的清洁工具如擦布、鞋油、鞋擦等用有盖的盒子；鞋楦可以放入收纳盒集中收纳；鞋拔等用竖立放置或挂起来。

第三节　橱柜整理与收纳

一、中式橱柜的概念

中式橱柜是中国传统家具之一，通常由上下两个部分组成，上半部分为展示柜，下半部分为储藏柜。中式橱柜通常采用红木、楠木等硬质木材制作而成，具有优美的线条和华丽的雕刻，非常适合中国传统文化的家居风格。橱柜有装饰柜、半高柜、高柜和台上柜组成，可放置锅、碗、瓢、盆等炊具的厨房家具。因中国家庭的厨房烹饪方式有炒、煎、蒸、炸、煮等，烹饪特点是热油，快炒，因此在洗、切、烧、存的功能需要一站式完成。整体橱柜使用较为频繁，易藏污纳垢，需要常清洁常维护。

二、中式橱柜的特点

中式橱柜承载着丰富的文化内涵和历史传统，它们不仅是实用的家具，还是中国传统文化的重要组成部分。中式橱柜的设计和装饰常常反映着中国传统价值观和审美观念。在完成烹调工作的同时，具备节省空间、美化环境、装饰等功能。在选购中式厨房橱柜时，应该充分考虑实用性和美观性。中式橱柜的尺寸应根据厨房的大小和布局来确定，材质和颜色应该与整个厨房的装修风格相协调。常见的中式橱柜有：一字形橱柜、L 形橱柜、U 形橱柜、岛形橱柜、二字形橱柜。

（1）一字形橱柜：是将所有的电器和柜子沿着一面墙放置，操作都在一直线上进行。特点紧凑、有效，不适合大厨房。

（2）L 形橱柜：是厨房最常见的橱柜，适合空间较小的厨房。利用橱柜上的转折，在两面相连的墙之间划分工作区域，能获得理想的操作区域。炉灶、水槽、冰箱有独立的区域。

一字形橱柜

L 形橱柜

（3）U 形橱柜：U 形橱柜方便取用物品，实现了分区处理，加大了储物功能，但两排柜子之间须保持 120cm 以上的间距，以确保有足够的空间。

（4）岛形橱柜：岛形橱柜台指的是独立于橱柜之外的，有柜体的单独操作区。岛形橱柜台适用于开放式厨房，也是作为厨房与其他空间的隔断。岛型橱柜有更多的操作台面和储物空间，便于多人同时在厨房工作。

U 形橱柜

岛形橱柜

（5）二字形橱柜，又称走廊式厨房，是沿着两面相对墙建立两排工作台和储物区。适用于以准备食物为主的厨房，走廊式厨房无须很大的空间，厨房尽头有门，有窗通光即可。

二字形橱柜

三、西式橱柜

由于西式厨房采用开放性的空间，因此占用面积比较大。在许多有西式厨房的家庭中，与客厅相连的开放式厨房约占据大客厅面积的三分之一以上；西式橱柜的设计注重功能性和实用性，通常采用模块化设计。西式橱柜的设计也考虑到厨房储物的需要，根据不同的物品属性和使用频率进行合理分配。

西式橱柜

四、橱柜物品收纳常识

橱柜中的物品需要根据重量来存放，将重物放在底部，轻物放在顶部；需要大平面空间来收纳的是微波炉、烤箱、蒸箱、面包机、搅拌机等小型电器；需要中等隔板空间来收纳的锅类、碗碟类、米面油等；需要小型抽屉空间来收纳的如食材干货、调味料等。

（1）吊柜上层如需摆放过于零碎的物品，可以借助收纳工具，以免置于吊柜深处难以拿取。

（2）地柜承重能力强，较重的米面油、锅具和碗盘等常用物品适合收纳在地柜。

（3）易受潮的物品不建议开放式放置在下水管道附近，如米面、干货等。

橱柜物品收纳

五、高柜物品的收纳方法

高柜是厨房中安装在离地面较高处，厨房众多柜体中的一种，它收纳容量相较于地柜、吊柜更大，大型、沉重的厨房电器或物品都可以收入其中。 高柜是充分利用了高处空间，主要功能：

（1）储藏食品：高柜通常具有多层储物空间和可调节的隔板，以满足不同大小物品的储存需求。 可用于储存食品，如米、面等。

（2）收纳厨具和餐具：通常具有多个层板、抽屉、拉篮以便于分类储存和取用，可用于储存厨具和餐具。

（3）收纳家电：用于存放家电，如微波炉、蒸箱、烤箱等。高柜在设计时会预留家电的位置，起到收纳和安全固定的作用。

六、地柜物品收纳的方法

地柜通常指贴近地面的柜子，能灵活运用多处存储的空间。地柜通常是由钢化玻璃、高密度板和碳素钢制成，具有很强的收纳功能。地柜包含炉灶柜、水槽柜、餐具柜、烤箱柜、食品柜等。地柜高度一般不超过 900 毫米，低柜宽度一般为 550 毫米。地柜收纳物品可以根据不同的需求选择工具，如双层收纳篮、收纳架等。

（1）炉灶柜：用于放置燃气灶具或电磁炉等，其尺寸和形状可以根据灶具的尺寸和布局进行定制。

（2）水槽柜：用于放置水槽和水龙头等设备，通常具有排水装置和防水功能，以防止水渗漏和腐蚀。

（3）餐具柜：主要用于储存餐具和厨具，如碗、盘、刀、叉、勺等，一般在灶台下方。其规格大小可以根据使用需求进行设计。

（4）烤箱柜：在地柜中选一位置用于嵌入式烤箱，还会配套设计具有固定式的放置空间和抽屉式的储物空间。

炉灶柜

（5）食品柜：主要用于储存食品和调料，如米、面、油、盐、酱等，其规格大小可以根据使用需求进行设计。

水槽柜

餐具柜

烤箱柜

食品柜

七、吊柜物品收纳的方法

吊柜柜体的高度在 65~78 厘米，深度一般在 30~45 厘米。台面至吊柜的中间距离为 50~60 厘米，能够保证操作区宽敞，方便取放物品。吊柜内物品可以根据不同的收纳需求进行选择，包括轻餐具，调味料、烤盘、纸巾、零食、酒水等。

一些家庭的吊柜包含了烟机和包裹柜，其大小和形状可以根据烟机的尺寸和布局进行定制，通常具有排烟管道和防水功能。一些还会在包裹柜的两侧增加1~2个小型的储物柜，用来放置厨房的用品，如瓶罐类。

八、橱柜内物品的整理方法及注意事项

整理橱柜内物品需要清洁橱柜、合理利用空间、标记物品、定期清理和避免过度堆放，以免影响取用和整理。充分考虑物品的使用频率，将经常使用的物品放在易取得的位置。通过合理的整理方法和注意事项，你可以更好地管理橱柜内的物品，提高使用效率。

1. 清洁橱柜

在整理橱柜内物品之前，先清空橱柜，然后清洁橱柜内部，去除灰尘和杂物，保持橱柜内部清洁，平时也需要随手擦拭。

2. 合理利用空间

根据橱柜的大小和形状，合理利用橱柜内的空间。若不好取拿的空间，可以使用收纳盒、收纳篮、柜内架等收纳工具。

3. 标记物品

将食品、餐具等物品分类存放，对于一些相似的物品或有期限、环境要求的物品，需要在外部作标记，如使用标签、贴纸等，可以方便管理物品。

九、收纳厨房物品的方法

厨房各不相同，需要根据厨房大小、结构等相关情况选择收纳工具。收纳厨房物品需要分四个步骤进行，第一步利用空间分类整理；第二步标记管理物品；第三步定期清理；第四步按照使用频率存放。

1. 利用空间分类整理

按照功能和用途进行分类，如餐具、烹饪工具、调味品等，将不同类别物品分别放在不同的柜子里。

2. 标记类别管理物品

对于一些相似的物品，可以在外部作标记，可使用标签、贴纸等，方便快速找到需要的物品。对于常用和不常用的物品，可以使用不同标记方式进行区别，并且定期检查标记颜色是否模糊或褪色。

3. 定期清理

定期清理厨房内的物品，如过期的食品、破损的餐具等，保持厨房内的整洁和卫生，减少物品的损坏。

4. 按照使用频率存放

将经常使用的物品放在易取的地方，如放在台面上或易开启的抽屉内，方便取用。在收纳厨房用品时发现零碎的物品较多，可以利用收纳工具来增加储物空间。比如：

（1）利用墙壁空间：在墙壁上安装储物架、吊钩等可以节省柜子的空间，同时还能将调料瓶、杯子等物品放置整齐，避免杂乱。

（2）利用隔板：在储物柜或储物架中，可以通过隔板来划分空间，将空间合理分配，避免混乱。

（3）利用抽屉收纳：抽屉可以方便地存放刀具、餐具等小物品，避免在柜子中乱放。

十、厨房抽屉内物品的收纳方法

厨房抽屉是储存厨房用品的重要空间，不论是橱柜抽屉还是新增抽屉，建议使用七成空间，保留三成的空间。入抽屉的物品一般是小件类的居多，适合平放在抽屉中有刀、叉、勺、筷子等；适合立放的如盐瓶、胡椒粉瓶、椒盐瓶等；也可将玻璃器皿等易碎物品放入抽屉中，减少碰撞或摔落的风险；容易受潮的干货、调味料也建议放入抽屉中，避免受到湿气或水汽的侵害；厨房抽屉储存厨房用纸、保鲜膜、锡纸等更易于取用且不占据其他空间。

有些大的厨房抽屉还可以用来存放烹饪工具、烘焙类工具，如搅拌器、榨汁机、烤箱磨具及手套等，保持厨房整洁。

十一、厨房简易储物架的储物方法

厨房简易储物架通常用于增加厨房储物空间和整理厨房物品，它们放置在桌子或台面上，也可安装在墙壁上。储物架用来存放烹饪用具、调料瓶、厨房小电器等常用物品，落地置物架可用于收纳食材等。

下表是厨房简易储物架的种类：

名称	图示	用途
墙上置物架（隔板型、转角型、组合型）		可放置调味品、厨具等
落地型置物架		可放置洗洁精等物品
水槽上方沥水置物架		临时放置洗好的果蔬和碗碟
灶台、转角处置物架	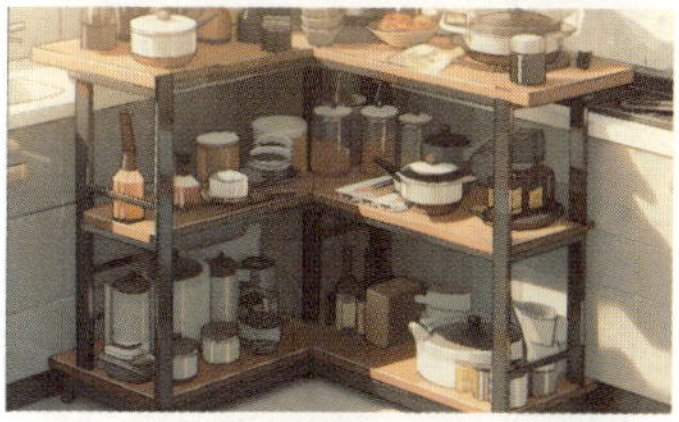	放置调味品、锅具、碗碟等
落地多层置物架		可放置锅、微波炉、烤箱等物品
夹缝收纳柜		利用夹缝空间增加储物量

续表

名称	图示	用途
冰箱壁挂式置物架		放置保鲜袋、保鲜膜等物品
柜门壁挂式置物架		用于小件物品的收纳

十二、厨房收纳工具的分类

厨房收纳工具种类繁多，不同的工具有不同的用途。

1. 收纳盒

用于存放食品、调料、餐具等，可以用于分类整理。

2. 收纳篮

用于存放厨房用品，如清洁剂、擦布等，方便取用。

3. 餐具托盘

用于存放餐具，如筷子、勺子、叉子等，既方便取用，也讲究卫生。

4. 厨房置物架

用于存放厨房用品，如烤盘、炊具洗菜篮等，可以节省空间，方便取用。

5. 厨房挂钩

用于挂放厨房用品，如锅铲、勺子等，竖式收纳可以节省空间，方便取用。

6. 厨房储物柜

用于存放厨房用品，如餐具、炊具、杯具等，可以分类整理，按照使用频率来放。

厨房常规收纳工具：

名称	图示	特点
展示架		根据厨房空间，选择不同长度和宽度的展示架来满足厨房物品的放置
锅架		锅架也可称为炊具架，锅架不仅可以收纳锅,还可收纳砧板、量杯、水壶等
挂杆		通常较耐用，尺寸多样，适用于厨房各种小的物品存储
有洞的钉板		可使用钉板增加厨房存储的灵活性。如可将锅等炊具置于有洞的钉板上
挂钩	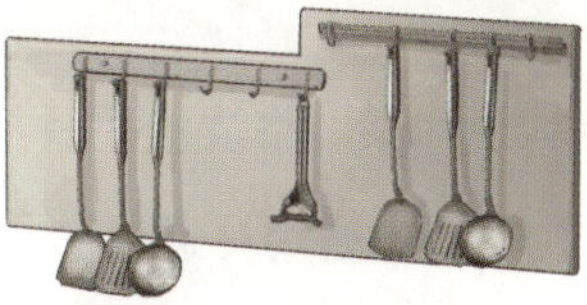	挂钩在厨房中普遍使用，占用面积小，实用且价廉
调料架		调料架占据空间较大，可安装壁挂式调料架，节省空间，方便使用

十三、厨房收纳工具的选择方法

选择合适的厨房收纳工具可以让厨房更加整洁、美观和实用，也能为家庭健康保驾护航。选择厨房收纳工具的方法可以从 4 个方面考虑：

1. 厨房空间

根据厨房的空间大小来选择合适的收纳工具。如果厨房空间较小，可以选择一些可折叠、可伸缩的收纳工具，如折叠式储物篮、可伸缩的收纳架等。若厨房空间较大，可以使用大一些的置物架、收纳柜。

2. 收纳需求

一般厨房的收纳工具是根据厨房本身的储物需要来配置的。同时也考虑收纳工具的功能，根据实际需求可以选择带有分隔功能的收纳盒将食材分类存放。也可以用一些具有可调节高度的置物架或者收纳篮收纳各种物品。

3. 材质

厨房选择质量好、耐用的收纳工具可以延长使用寿命，优质的材料不易损坏，如不锈钢等都是常见的比较耐用材质。

4. 美观度

选择颜色、款式与厨房装修风格相符合的收纳工具，可以让厨房更加整洁、美观，建议购买统一颜色的工具来增加视觉效果。

十四、厨房清洁用具的收纳方法

厨房每一天都要做到随手清洁，在保持厨房清洁的过程中，清洁用品是非常重要的工具。若放置位置不当，反而起到相反的效果，厨房清洁工具的收纳也要重点关注。

（1）钩子或挂架：在墙上安装钩子挂架，将清洁用具挂在上面，比如抹布、清洁刷等，让清洁用具随手可取，也能让清洁用具通风。

（2）收纳盒子：使用收纳盒子来存放小型清洁用具，如洗碗液、清洁粉、消毒液等。将它们放在厨房的橱柜、地柜或抽屉里，保证取拿方便和健康安全。

（3）专用收纳架：一些厨房清洁用具如清洁刷、洗碗刷、抹布等，可以使用专用收纳架进行存放。这些收纳架可以置于台面或挂在墙面上，在进行收纳的同时也利用了空间。

（4）利用夹缝空间：在水槽下方用置物架将洗菜盆、洗洁剂、清洁海绵、塑料手套等需要干燥状态的物品放在上面，充分利用夹缝空间来收纳。

十五、饮食器皿类工具的收纳方法

饮食器皿类工具如餐盒、饭盒、筷篓等，根据不同器皿大小和位置来选择独立的空间。无论是使用搁板还是使用独立封闭的餐柜，目的是保障取拿安全和便捷。收纳过程中需要注意以下几个方面。

（1）使用承重的收纳篮或收纳柜存放碗、盘子、杯子等，按照大小和形状分类整理，便于观察和节省空间。

（2）使用刀架、餐具托盘或抽屉式收纳盒存放刀具、叉子，避免混乱和卫生隐患。

（3）小件物品如杯子、碟类等，使用收纳盒或收纳抽屉来存放，按照种类和用途分类整理，保证安全的同时也能取拿方便。

（4）使用餐具托盘或抽屉式收纳盒来存放筷子、勺子等小型餐具，避免混乱和受损，也要保障取拿安全。

十六、烹饪工具的收纳方法

烹饪工具是烹饪过程中必不可少的器具，不同的烹饪工具有不同的用途和特点，随着生活水平的不断改善，锅的品类越来越多，烹饪用品琳琅满目，对收纳工作提出新的要求。

1. 锅具收纳

锅具常见的收纳方法有：

收纳方法	图示	特点
锅具拉篮收纳		在拉篮的下层一般可设计锅具拉篮，收纳各种汤锅

续表

收纳方法	图示	特点
置于灶台上		对于常用的锅具，如炒锅，清洗完毕后，可以直接置于灶台上
收纳架收纳		在厨房角落或水池下方，可使用合适的收纳架存放锅具
封闭式橱柜收纳		封闭式橱柜收纳可防灰尘

2. 烹饪用品收纳

烹饪用品常见的收纳方法：

收纳方法	图示	特点
吸铁式置物架		常用的锅铲、勺子、刀具等，可以悬挂在吸铁式置物架上
调味拉篮收纳		可使用调味拉篮分类收纳各类物品，竖直摆放，方便取用

续表

收纳方法	图示	特点
挂壁分隔盒		利用柜壁或墙壁空间，安装分隔盒，主要用于收纳调味品

十七、冷鲜食材的收纳方法

冷鲜食材的收纳方法需要根据不同的食材种类和保存时间来选择不同的收纳方式。合理的收纳和储放可以延长食材的保鲜期限，保证食材的新鲜和卫生。

1. 肉鱼类

新鲜的肉类可以放入冷藏区，尽快食用。备用肉类放在密封袋或保鲜袋中，放在冰箱冷冻室中保存。可将肉类切成小块或切片，避免多次解冻。

2. 蔬菜

蔬菜在无特殊要求的情况下可以在常温下放置，也可以将蔬菜放在保鲜袋或保鲜盒中，放在冰箱冷藏室中保存。

3. 水果

水果之间可能会相互释放气体，如乙烯。这些气体可能会加速水果的成熟和腐烂。因此，最好将不同种类的水果分开储存。另外，不同种类的水果有不同的储存要求，根据具体的水果类型来调整冰箱的储存条件。一些特殊的水果，如香蕉和草莓，最好不要冷藏，避免影响口感。

4. 奶制品

奶制品一般采用原包装收纳，开封后放入冰箱冷藏，最好密封放置。

冰箱是常用的冷藏工具，冷鲜食材的冷藏需要注意几个方面：

（1）蔬菜冷藏前，建议先把附着在蔬菜表面的泥土清理掉，请勿用力清洗。用纸包好放入保鲜袋，扎上袋口，再放进冰箱。蔬菜最好放在冷藏室下层靠门的地方和冰箱内壁略保持距离，以免蔬菜发生冻伤。绿叶蔬菜存放不超过 3 天，其他蔬菜建议一周内吃完。

（2）冷藏果汁打开后 24 小时内要喝完，不论纯果汁，还是果汁饮料。如果一次喝不完，必须放入冰箱冷藏室中，最好竖放于冰箱门架上。

（3）蘑菇购买后，勿沾水，请保持表面干燥，放入牛皮纸袋里，封口保存，保鲜可持续 1 周。

（4）冷鲜柜中生熟食分开，建议采用保鲜袋封口，避免混味。熟食应用保鲜袋套入后置于保鲜室，生食则应放入冷冻室。

（5）冷鲜柜里的食物摆放应遵循一定的顺序，食物要尽量新鲜、干净，以防污染其他食品。已经开封的食物、可直接入口的熟食和甜点应放在保鲜室。蔬菜、水果、豆制品需用保鲜袋封口后再放入。冰冻的肉类、鱼类、鱼丸、水饺等则需放入冷冻室。

冰箱收纳常见食材的方法及注意事项：

名称	收纳方法	注意事项
叶菜类	购买后需去除包装与塑胶袋，用白纸包裹，用水喷湿白纸，套上塑胶袋后放入冰箱层板架上冷藏	放置于温度 3~5 摄氏度的蔬果保鲜室，可存放 5~6 天
水果	无须放置于塑胶袋或保鲜盒中，可直接放入冰箱冷藏，圆形水果易滚动，外层加套网状海绵可适度防滑	约 5~7 天内食用完毕较佳
蛋类	可选购有盒盖的塑胶蛋架，盖上盒盖，上面还可放置更多物品	存放在冰箱门架上，增加鸡蛋储放时间
肉类	猪、鸡、牛等肉类购买后，先将血水沥干，用密封袋分装成小份，装袋后先平放于桌上，将袋中空气压出，再封口	小包装的肉品占空间小且易结冻，冷冻肉品约 10 天内食用完毕较佳
鱼类	选购的鱼若需冰存，购买时勿刮除鱼鳞，需将鱼肚与鱼鳃切除，以免冰存时产生异味	用保鲜盒收纳鱼，保存效果较佳且不易混味，但收纳时较占空间。
鲜虾	整尾带壳虾子放在保鲜盒或塑胶盒中，盒中水量覆盖虾子即可	放冰箱冷冻 5~7 天内食用完毕较佳
锅料	黑轮、贡丸、甜不辣等火锅料，购买后分装成每餐食用的分量，用保鲜盒收纳	用原包装储放也可需要对包装袋进行清洁，约 14 天内食用完毕风味较佳

十八、冰箱储物工具的选择

放入冰箱的收纳工具需要具有防水、防霉、易清洁等特点，以保证食品的卫生和安全。

常见冰箱的储物工具：

储物工具名称	图示	特点
密封袋		冷冻冷藏室均可，材质厚实，可密封，最大程度保证食材新鲜
饺子、馄饨收纳盒		可以按照自家冰箱尺寸选择，无分隔的比较好，可以储存更多的饺子、馄饨
手柄收纳盒	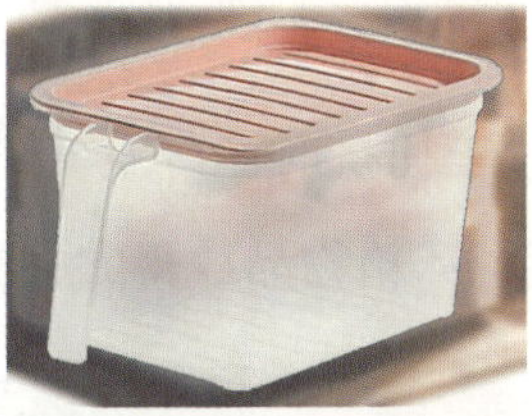	用于物品分类
鸡蛋收纳盒		收纳盒透明，一目了然
带盖收纳盒		用于储存各类蔬菜水果等

十九、冰箱内物品整理的注意事项

冰箱在家庭中实用且使用频率高，冰箱放置物品需要注意从分类、包装、温度控制、顺序、位置和物品密度等方面综合考虑，以保证食品的卫生和安全。

1. 分类存放

肉类、蔬菜、调味品等都需要分开存放。鲜肉和冻肉也要分开存放，避免堆叠混放导致串味。

2. 识别冷藏期限

冷冻室内温度约 –18℃，可存放新鲜的或已冻结的肉类、鱼类、家禽等，也可存放已烹调好的食品，存放期约 3 个月。冷藏室温度约为 5℃，可冷藏熟食品，存放期限约 1 个星期。保鲜室温度约 0℃，可存放鲜肉、鱼、贝类、乳制品等食品，存放期为 3 天左右。

3. 生熟食物要分开

生食品往往沾有病菌、寄生虫卵和其他污物，若把生熟食物放在一起，生食品上的细菌就会很快污染熟食品，不利于人体健康，因此生熟食物要分开放置。

4. 冰箱忌太满

冰箱放置不宜太满，冰箱过于拥挤时，冷空气的流通受阻，制冷系统需要更多的能量来保持合适的温度；冰箱物品放得太拥挤会导致食物变质和交叉污染。

5. 其他注意事项

肉类需冷冻时，先把肉类食物清洗干净，切好放入保鲜袋或者保鲜盒。按日常食用需要分量存放，按需拿取，避免二次解冻，以产生更多的细菌。化学药品易污染食物，影响人体健康，如特殊的化妆品。

冰箱的种类多种多样，常见的有单门、双门、三门、多门等（如下表）。

名称	图示	特点
单门冰箱		只有冷藏室，适合酒店、公寓、办公室，价格便宜
双门冰箱		结构紧凑、实用性强、性价比高，其缺点是温区不够完整，容量小，适合人口少的中小型家庭
三门冰箱		三门冰箱在双门冰箱的基础上增加了一个用于存储新鲜肉类、海鲜等的空间。容积比双门冰箱大一些，实用性更强
多门冰箱		容量大，使用方便、温控效果好
对开门冰箱		容积大，存储空间可达双门冰箱的两倍，缺点是没有独立的变温室，保鲜性能稍差。适合囤放食物的大户型家庭使用

二十、冰箱内物品整理收纳方法

了解冰箱每个位置应该摆放什么食物，划分区域、有序分类存放。

冰箱

1. 冷藏区

（1）上层：放入可以直接食用的食物，剩饭、剩菜、甜品、奶制品等，需要用保鲜膜封上。

（2）中层：中层可有效保持食物的新鲜度，可放置需要保鲜的肉类、鱼类等。

（3）下层抽屉：可放置水果和蔬菜，避免水分过快流失。

（4）门架处：门架处温度较高且不稳定，可存放耐温度变化的调味料、酱料、饮料等。

2. 冷冻区

（1）上层：可存放汤圆、饺子、小馒头等速冻食品。

（2）中层：可存放冰激凌、雪糕，脱水蔬果。

（3）下层：可存放需要密封保存的鱼类、肉类等，避免与其他食品接触而滋生病菌。

第四节　客厅柜体整理与收纳

一、客厅储物柜的概念

客厅储物柜是一种家具，通常置于客厅或起居室，用于存放各类物品，如书籍、音视频设备，展示的艺术品等，客厅储物柜不仅能存储各类物品，还能装饰居家环境。设计师通过合理的分隔和设计储物柜，可以满足不同类型和大小物品的储存需求，客厅储物柜通常会安装在墙壁上或靠墙处，可最大限度地利用空间。

二、客厅的分区方法

客厅是家庭活动和休闲的主要场所，也是来客主要的活动场地。合理分区可以让客厅更加宽敞，更加舒适。客厅的分区方法很多，不仅可以从功能上分，也可以从展示区域分。客厅分区也需要考虑整体的协调性和美观度，避免过于杂乱而不协调。

1. 按功能分区

根据客厅的功能需求，将客厅分为不同的功能区，如休息区、观影区等。不同功能区物品归置在相应区域较为方便。

2. 按家具布局分区

根据客厅的家具布局和风格，将客厅分为不同的家具区域，如沙发区、电视区、餐桌区等。

三、客厅内物品按区分类的方法

按功能客厅分为两个区，一个休息区，一个是观影区。以茶几为界点，休息区是以茶几之后沙发为主的区域，观影区是以茶几之前电视区为主的区域，不同区域放置不同的物品。

休息区：放置沙发、椅子、茶几、地毯等家具，适合阅读、聊天、观看电视等休闲活动区域。也可放置装饰画、花卉、摆件等物品营造家居氛围、增添美感。

观影区：放置音响、电视机、游戏机等娱乐设备，观影空间是客厅视觉的焦点，墙面的设计与物品展示较为重要。墙面做电视柜墙，不占用地面空间，也是家庭艺术品展示的空间。

一些家庭还在客厅增加儿童活动区和健身区，有游戏垫、儿童玩具、健身器材等。在分区时可以先把沙发摆放在客厅核心位置，如果地柜和电视是一体的，靠墙部位摆放，茶几摆放和沙发配套，间隔一步距离的尺寸，方便随手摆放物品。

客厅物品分类要求：

（1）整理收纳客厅的物品需把现有物品进行分类，比如充电线的不同接线口、比如零食分出带壳和膨化类食品。提前按物品的用途、使用频率、规划物品位置，方便取用。

（2）为了让客厅美观和保证物品无障碍使用，有选择地摆放物品。不当季的、无美感的展示品无需摆出来；一些零碎的物品入屉收纳；个人用品则建议放回私密的空间。

（3）客厅定位是物品合理放置必须思考的问题。如客厅里的电视柜和书柜是强收纳的家具，但不能因为容量大就作为储物间使用，也要规划出每一类物品的放置区域。根据家具摆放来放置物品，实时增加一些收纳工具。

四、不同类型储物柜储放物品的要点

客厅储物柜内物品的布置需要根据实际情况和个人需求进行调整，以达到最佳的储物效果和实用性。通常相似属性的物品放在一起，如书籍一层，展示品放一层。也需要考虑整体的协调性和美观度，避免过于杂乱和不协调。

1. 电视、音响

电视柜是一种专门用来放置电视机、音响类的家具，它的主要用途是提供一个稳定的支架和储存空间，除了放置电视影音设备外，电视柜通常设计有多个储物空间，如抽屉、架子等，可以隐藏电视机和其他设备的线缆，电视柜也可以作为客厅的装饰元素之一，增添客厅的美感。

2. 装饰品

可以在电视柜上放置一些装饰品，如花瓶、摆件、绿植等，以增加客厅的美观度和温馨感。但需要控制数量，2~3 件即可。

3. 遥控器、电线等

为了避免杂乱和不美观，可以将遥控器、电线等物品放置在电视柜的抽屉或隐蔽的储物空间中，也可以选择遥控器类的收纳盒。

4. 书籍

若喜欢阅读的家庭，可以将客厅的储物柜变成书柜，变成放书的空间，根据

个人喜好或者分类原则，将书籍整理好，同时可以在书柜上添加一些装饰物，如照片、植物或小摆件，以增添美感，展现个性。

五、储物柜的展示方法

储物柜在客厅中的作用是提供可调节的展示空间和陈列方式。通过移动或调整展示架、隔板或其他陈列装置，根据展示物品的大小、形状和数量灵活布局。客厅展示柜主要用于展示各种物品，如艺术品、收藏品、摆件、瓷器、书籍、照片等。一些储物柜通过透明的玻璃门或开放式的设计，让这些物品能够清晰可见，为客厅增添一份独特的风景。

（1）选择适当的展示物品：确定想展示的物品类型和主题。包括艺术品、收藏品、装饰品或其他特别的物品。展示的物品与整个空间的风格和氛围相协调。

（2）确定展示方式：根据物品的特点和大小，选择合适的展示方式。可以直接在展示板上、也可以增加小型展示架、展示盒等不同的展示工具。同时，考虑展示物品的排列方式，可以按照主题、颜色、大小等进行分组排列。

（3）创造层次感：在展示柜中，通过设置不同的高度和层次，可以营造出有趣的、吸引人的展示效果。

六、客厅储物柜储物原则

客厅收纳物品需要考虑整体的协调性和美观度，避免过于杂乱和不协调，即便是看不见的柜内，在储物标准上也要求做到开柜有序。

1. 适当简化物品原则

保持客厅的整洁和简约，避免过多的杂物堆放。只保留必要的物品，根据物品的性质和用途，将储物空间划分为不同的区域，并使用合适的收纳盒、收纳篮或收纳箱等，将物品整齐摆放。

2. 定期整理原则

定期检查储物空间，清理不再需要的物品。避免物品混乱堆积，过于杂乱，不协调。也要避免过多的装饰品带来繁杂，可以选择一些美观、实用的收纳盒或收纳架增加容量。

七、客厅储物柜抽屉内物品的整理要求

先对入屉的物品进行分类整理，同类和相似属性的物品归置一起，用不同的收纳盒进行收纳，小物件用小的收纳盒，稍大的物件用大一点的收纳盒，一般大

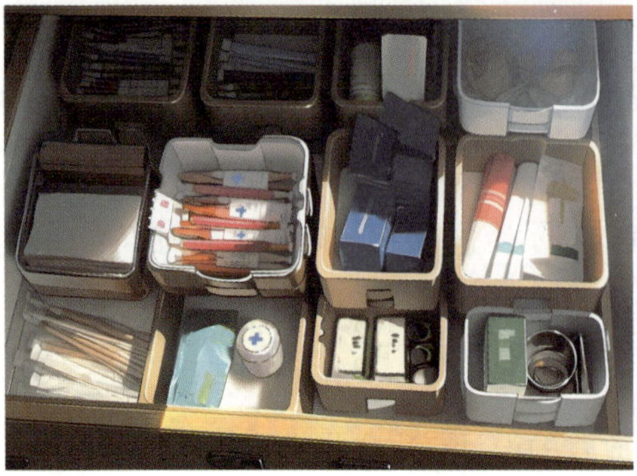
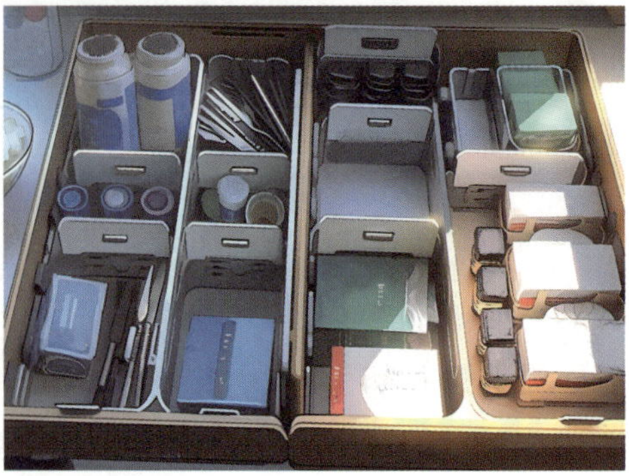

客厅储物柜抽屉

型物件不入屉收纳。若手上没有收纳盒，也可以利用家里的闲置物品改造做成收纳盒，最好大小高低一致。

客厅的抽屉主要是电视柜抽屉和茶几抽屉这两部分。电视柜抽屉主要用于存放与媒体设备相关的物品，例如遥控器、电视线缆、光盘、游戏手柄等。而茶几抽屉通常用于存放一些常用的小物件，例如茶具、笔记本、小型充电器等。可以根据使用习惯和需要，合理安排抽屉内的物品，方便日常生活使用。若抽屉比较深可以利用隔板将抽屉分成不同区域，避免混杂在一起，也要控制储物数量，避免过度过量储物。

八、客厅储物柜抽屉内物品的分类

适合放客厅抽屉的物品以小件为主，可以根据不同的品类进行放置，如电子产品配件包括手机、平板电脑、耳机等的充电线和充电器，电视、音响、空调等遥控器；如日用品和常用小工具，包括眼镜布、胶带、螺丝刀、胶水等也可以放入抽屉；如小型文具和办公用品包括订书机、回形针、胶水、修正带等，可以使用小盒子或者文具袋进行收纳。

九、客厅藏品、艺术品展示的方法

客厅的藏品、艺术品展示需要考虑整体的协调性和美观度，避免过于杂乱和不协调。不是所有的藏品和艺术品都适合展示出来，一般根据家装风格展示绘画作品，也可以展示雕塑作品，如陶瓷雕塑、石雕等。对于较为贵重的古董，玉器、青铜器都是不错的展示品；一些家庭还喜欢摆放织物，木雕、竹艺等；瓷器也是彰显个性的摆件。常用的展示工具有：

1. 展示柜

展示柜展示

可以使用展示柜来展示收藏的物品，如瓷器、水晶、玻璃器皿等。展示柜可以保护物品不受灰尘和损坏，也可以增加客厅的层次感。

2. 画廊墙

可以将客厅的一面墙设计成画廊墙，展示收藏的艺术品，如画、老照片等。画廊墙让客厅更具艺术气息，同时也可以让家里收藏的艺术品得到更好的展示。

3. 展示台

可以使用展示台来展示收藏的手工艺品、玩具、模型等。展示台让物品更加突出和醒目，也可以增加客厅的美观度和趣味性。

画廊墙展示

展示台展示

十、储物柜与客厅相融合的美化方法

将储物柜与客厅相融合呈现，可以从客厅的整体风格和色彩搭配出发，软饰的过渡和搭配赋予客厅品位，例如通过摆件、画作、花卉、靠垫和储物柜本身的陈列方式来呈现。

（1）选择与客厅风格相符的储物柜。比如木质储物柜可以与简约风格的客厅相融合；金属储物柜可以与工业风格的客厅相融合。如果储物柜的颜色与客厅不搭配，可以考虑进行喷漆或贴纸等方式处理，让储物柜与客厅颜色相协调。

（2）在储物柜上放置一些装饰品，比如花瓶、绿植、画作等，可以让储物柜更加美观，也可以让客厅更加生机勃勃。也可在储物柜的顶部可以放置一些物品，比如书籍、杂志、照片等。

（3）如果储物柜的用途单一，可以考虑改变其用途，比如将书柜改为酒柜，将鞋柜改为展示柜等，让储物柜更加实用，也可以让客厅更加有趣。

十一、客厅展示搁板的收纳方法

客厅展示搁板是一个很好的装饰和收纳空间，客厅搁板可以展示很多不同的物品。以下是一些常见的展示物品：

1. 书籍

客厅展示搁板可以用来陈列书籍，这样可以让客厅看起来更加有文化、有品位。

2. 装饰品

客厅展示搁板可以用来展示各种装饰品。如花瓶、摆件、雕塑等，但艺术品不宜过重。也可用来展示家庭照片，让客厅看起来更加温馨。

3. 个性物品

一些家庭会在客厅展示搁板上摆放好看的盆栽，也有家庭喜欢陈列酒类和相关的器皿，目的都是为了让客厅看起来更加有品位。

十二、电视储物柜内物品收纳方法

电视储物柜是一种功能多样的家具，它不仅可以放置电视机，还可以展示装饰品和收纳一些物品。摆放遵循二八原则，八分满，二分留白空间。将电视、播放器、游戏机、音响等多媒体设备放置在电视储物柜的合适位置上；若有布艺物品，纸巾盒、收纳袋等可以将它们放置在电视储物柜的抽屉或者收纳盒中。一些其他杂物，如电池、药品、食品等使用小盒子或者收纳篮来整理存放。电视储物柜可以放置一些装饰品，如花瓶、摆件、照片等。

常见电视柜款式：

款式名称	图示	特点	收纳注意事项
地柜式		地柜式也叫矮柜式，是最常见的客厅电视柜款式，简约不占地，能起到不错的装饰效果和收纳功能	地柜式电视柜一般带有多个抽屉与多层隔板，可以收纳很多杂物。柜子一般带有储物空间，抽屉里搭配储物格，物品可以分门别类摆放

续表

款式名称	图示	特点	收纳注意事项
组合式		组合式电视柜是地柜式的升级版，可以和酒柜、装饰柜、书桌柜等家具组合在一起，较为独特又实用，很容易就成为客厅的视觉焦点	书籍、摆件为开放式展示；生活类用品和工具封闭式收纳
板架式		板架式电视柜的特点跟组合式电视柜类似，利用摆放和装饰来收纳	以展示物品为主，如摆件、书籍等，抽屉内放置生活日常用品
隐藏式		隐藏式电视柜是储物的新理念，将电视机和物品隐藏起来收纳，让整体看起来更加的美观	将杂物收纳其中，但较为零碎的物品需要配置符合尺寸的收纳工具

十三、客厅储物柜抽屉内物品收纳方法

客厅储物柜抽屉可以用来收纳一些杂物，如遥控器、线材、充电器、钥匙，也可以摆放与工作、学习相关的文具，如笔、笔记本、文件夹等。

1. 垂直放置法

垂直放置法是在储物柜中安装垂直分隔板，将空间分割为多个垂直区域。放置物品时可按照类别或者大小进行分组，如将文件夹、书籍等放置在不同的垂直区域中，垂直放置法让物品稳定，辨识度高。

2. 折叠叠放法

将柔软的物品折叠叠放，如餐布、桌布，在节省空间同时也可以让整个抽屉看起来更加整洁。

电池、电线等收纳

遥控器收纳

垂直放置

多层抽屉

3. 收纳盒法

使用收纳盒将物品分类放置，避免物品散落。根据收纳盒的大小来放置不同大小的物品，同时可以用标签或贴纸标记物品，避免找不到物品。

十四、客厅收纳工具的选择

在客厅进行收纳时，有许多实用的工具可以帮助你整理和存放物品。以下是一些常见的客厅收纳工具：

（1）壁挂式收纳架和储物凳：小户型的家庭在入门可选择壁挂式收纳架用来存放小件物品，如钥匙、眼镜、手机等；折叠式储物凳既可以用作座椅，又可以用来存放客厅中的杂物。

（2）储物柜或书架：储物柜和书架是客厅收纳较为常用的工具，可以用来存放书籍、影碟、收藏品等物品。同时配收纳盒或篮子，用来存放遥控器、电线、小玩具、杂志等小件物品。

（3）抽屉式储物箱：抽屉式储物箱可以放置在电视柜或桌子旁边，用来存放杂物、文件、纸张等。它们可以提供隐蔽的储存空间，同时也方便整理客厅。

十五、客厅收纳工具搭配使用方法

1. 收纳工具的设计和材质

选择与客厅整体风格相符合的收纳工具，比如木质材质的收纳托盘适合放在台面，与自然风格的客厅搭配；金属或玻璃材质的收纳架可以与现代风格的客厅搭配。同时，收纳工具的颜色也要与客厅的整体色调协调，以创造统一和谐的视觉效果。

2. 收纳工具的尺寸和形状

根据客厅空间的大小和布局，选择合适大小的收纳工具。如果客厅空间较小，可以选择一些紧凑型的收纳工具，如折叠式收纳箱、挂壁式收纳架，以最大化利用空间。

3. 收纳工具的摆放位置

将收纳工具放置在易于使用和触达的地方，收纳工具避免过于密集或过于杂乱的摆放，以免给人视觉上的压迫感。

客厅常用收纳工具的使用方法：

收纳方法（名称）	图示	特点
柜内隔板 / 分格储物盒		采用柜内隔板或分格储物盒，集中收纳物品
墙面收纳搁板		展示物品专用，注意放置时的安全
洞洞板		收纳一些可以挂放的物品
置物架		扩充储物和展示功能

续表

收纳方法（名称）	图示	特点
收纳筐		可以添加单层置物架和置物筐，放置在客厅角落扩充收纳空间
小推车		最大的好处不占空间，收纳容量大，比如零食比较多可以收纳在小推车里

客厅储物柜是一种实用和美化家具，它可以是一个开放的架子，也可以是封闭式储物柜，还可以是书桌、电视柜、酒柜等。常见的储物柜有电视柜、餐边柜、沙发、茶几、角几、地柜、鞋柜、花架、装饰柜、酒柜等。

十六、茶几的分类

茶几是客厅常见的家具之一，通常用于放置杂志、遥控器、小零食、饮品等。一些家庭还会在茶几上摆放花卉等装饰物品，营造出温馨舒适的氛围。在选择茶几时，需要考虑其大小、款式、材质等因素，与客厅整体搭配协调。有抽屉的茶几可把不常用物品放入抽屉，在选择茶几时一般以美观、实用为主。

1. 方形茶几

这种茶几式样最为常见，四边边长相等，适合放置在正方形或长方形的客厅中。

2. 圆形茶几

这种茶几式样圆形，适合放置在圆形或弧形的客厅中，也可以用来增加空间的流动感。

3. 椭圆形茶几

这种茶几式样呈椭圆形，适合放置在长条形的客厅中，可以增加空间的流畅感。

4. 异形茶几

这种茶几式样不规则，可以是三角形、五边形等，适合放置在有特殊需求的客厅中，可以增加空间的趣味性。

5. 折叠茶几

这种茶几可以折叠，适合放置在较小空间的客厅中，可以随时收起来，增加空间的灵活性。

6. 储物茶几

这种茶几内部有储物空间，适合放置在需要收纳的客厅中，可以使空间更加整洁。

十七、茶几的收纳方法及注意事项

茶几上可以放置物品，也可借助收纳工具储存物品。

1. 托盘

木质托盘非常有温度，显得很有生活气息，特别是放在客厅这样的家庭公共区域，不宜过大。

2. 收纳筐

在茶几下层的空余空间放收纳筐，把物品简单地分类，放置电源类、生活类、零食类都比较理想，在选择收纳筐需要做好尺寸的测量和筛选。

3. 组合茶几

高低组合茶几是通过组合的形式来增加储物量，台面上以展示为主，储物为辅，可以利用抽屉来储放小物件。

茶几收纳

4. 收纳盒

茶几上的物品可以选择单个的收纳盒来收纳不同的物品，如杂志、小碟小杯、香薰烛等，在选择收纳盒时最好统一风格和相同材质。茶几上的物品摆放布局合理，不要过于拥挤或过于松散，一般不要超过茶几面积的三分之一。

（1）尺寸和形状：首先要考虑收纳盒的尺寸和形状是否适合茶几。测量茶几的表面积，确保收纳盒的尺寸适中，再根据茶几的形状选择方形、长方形或圆形的收纳盒，以与茶几的设计相匹配。

（2）材质和风格：收纳盒的材质和风格应与茶几相协调。如茶几是木质的，可以选择与之相匹配的木质收纳盒，以保持一致性。

（3）功能和储物空间：根据需要收纳的物品类型和数量，选择具有合适功能和储物空间的收纳盒，使收纳盒成为茶几上的亮点。

十八、茶几桌面收纳要求

茶几上放置的物品以实际需要为主，是为观影休闲时服务的。在观影休闲时会用到什么就摆放相关的物品。您可以放置茶杯、咖啡杯、茶具、饮料，也可以放简单的如花瓶、摆件艺术品。如常在客厅吃零食或小吃，可以在茶几上放置一些盘碟和零食，方便随时取用。

1. 对称式摆放

将物品按照左右对称的方式摆放在茶几桌面上，可以使整个茶几看起来更加整洁美观。如左边摆放小食类，右边放置遥控器类。

2. 主题式摆放

将物品按照一定的主题或风格摆放在茶几桌面上，如展示工夫茶具、展示花卉绿植等，以起到增加空间的个性化和艺术氛围。

3. 实际需要摆放

将常用的物品摆放在茶几桌面上，比如零食、茶杯、水果等，以生活实用为出发点。

十九、边柜的作用

客厅边柜是客厅中常见的家具之一，通常放置在客厅的墙边或角落处。不仅有美化空间的功能，还有储物的功能。

1. 收纳功能

客厅边柜可以用来收纳一些杂物，如书籍类、文件类、杯子类、酒类等，也可放置日常的消耗类日用皮如纸巾、食品等。

2. 展示功能

客厅边柜可以用来展示一些精美的摆件、如家庭照片、艺术品等，增加客厅空间的艺术氛围。

3. 分隔功能

有些家庭用边柜来分隔客厅的空间，如把客厅和餐厅分隔开形成视觉上的二个区域；也有利用边柜来链接组合沙发，不仅起到了隔断空间的功能，还可满足一定的装饰功能。

二十、边柜的收纳方法和注意事项

客厅边柜的作用主要是收纳物品、装饰客厅，在进行收纳时需要考虑其功能符合客厅的需要，使之呈现想要的家庭文化氛围。

客厅边柜在造型、颜色、材质等方面与客厅的整体风格相协调，才起到装饰客厅的作用。边柜上可放置一些装饰品，比如花瓶、摆件等；若要放置书籍，则需少量点缀。

第五节　衣橱整理与收纳

一、衣橱的分类

衣橱是我们日常生活中必不可少的家具之一，它可以让我们更好地管理和存放衣物。不同的储物空间和设计款式会变换衣物的摆放方式，衣橱一般从使用功能、结构等方面来分类：

1. 从使用功能划分衣橱的种类

名称	图示	特点
推拉门衣橱		推拉门衣橱可分为内推拉衣橱和外推拉衣橱。内推拉衣橱是将衣橱门置于衣橱内，较灵活，相对耐用，清洁方便；外推拉衣橱则是将衣橱门置于柜体外，根据家中需求量身定制，空间利用率非常高
平开门衣橱		平开门衣橱是靠烟斗合页链接门板和柜体的一种传统开启方式的衣橱。优点是密封性好，缺点则是相对占用空间
开放式衣橱		开放式衣橱的储存功能很强，且比较方便，能满足不同的收纳需求

续表

名称	图示	特点
转角衣橱		转角衣橱不常见，但有时因为房间格局所致，有的甚至结合了衣橱、小书柜、电视柜，使其成为一组多功能柜

2. 从结构上划分衣橱的种类

名称	图示	特点
独立式衣橱		独立式衣橱的特点是防尘好，储存空间完整，并提供充裕的更衣空间，适合住宅面积大，有较多衣物，需要较大存放空间的家庭
入墙式衣橱		入墙式衣橱对空间的利用率更高，与整个墙体融为一体，比较和谐美观，根据房间实际情况量身定制，能满足用户的个性需求
步入式衣橱		步入式衣橱是用于储存衣物和更衣的独立空间，可储存家人的衣物、鞋帽、包包、被褥等。储存空间完整、存取方便。有充裕的活动空间，防尘效果稍差

二、衣橱的储物分区

（1）上衣区：用来悬挂西服、衬衫、T 恤、毛衣、外套等易起褶皱的上衣。空间高度一般设计为 1000~1200 毫米，最低不能小于 900 毫米，宽度可按自身需求而定。

（2）长衣区：长衣区主要用于悬挂大衣、连衣裙、礼服、风衣等长款衣物，

衣橱储物分区

长衣区的高度一般为 1300~1400 毫米，宽度可根据自己拥有长款衣服的数量来确定，一般为 500 毫米，如果家庭成员较多，可适当加宽或设计多个长衣区。也可按照季节、长度、材质等进行分类。

（3）裤子区：用于存放裤子、裙子等下装衣物。如果使用衣柜裤架，空间高度约为 650 毫米；如果是用衣架挂，则至少保留 700 毫米；挂衣杆距上面板之间的高度在 40~60 毫米之间，挂衣杆的安装高度根据实际空间设计。

（4）置物区：置物区主要用来叠放 T 恤、休闲裤、睡衣等折叠不易起皱褶的衣物。空间位置以拿取衣物方便为宜。也可用于存放各种箱包，如手提包、背包、旅行箱等，可以按照大小、用途等进行分类。一般在衣柜的顶部或底部设置为储藏区，收纳被子或换季物品。经常用到的物品，最好放到随手可及的高度。

（5）配件区：用于存放各种配件，如首饰、皮带、围巾、帽子、手套等。一般空间深度为 200~300 毫米，宽度根据柜子的空间和数量来定，通常在确定宽度后，再进行柜内小格分区。

（6）抽屉区：用于存放内衣、袜子等贴身衣物。可以按照颜色、材质、季节等进行分类。抽屉的高度一般在 150~200 毫米之间，宽度在 400~800 毫米之间，抽屉与地面的间距最好要小于 1250 毫米，方便拿取物品。

三、衣橱储物规划原则

衣橱储物的规划是为了让衣橱的使用更加方便和高效，也是为了维持衣橱的整齐有序。可以从男女、季节、颜色、个人习惯等方面来规划衣橱储物：

1. 分区存放原则

在衣橱内，首先划分出男性和女性存放区域；其次进一步按照衣物种类进行分类整理。如上衣、裤子、裙子等，可以根据使用人习惯来存放衣物。

2. 按个人习惯和使用频率原则

将衣服按照使用频率分为常用、偶尔使用和季节性使用。常用的衣物是日常生活中经常穿的，比如 T 恤、牛仔裤、休闲类等衣服。偶尔使用的衣物是我们在特殊场合或特定活动中穿的，比如正式场合的西装、礼服、运动装备等。季节性使用的衣物是根据不同季节的需求而分类的，比如夏季的短袖、夏装，冬季的厚外套、毛衣等。

3. 按衣服材质分类原则

不同材质的衣物有不同的特性和要求。衣柜按衣服材质可分为棉质、麻质、丝质羊毛、化纤等，通过分类可以更好地了解每种材质的特点，并采取相应的保护措施，某些材质的衣物需要特殊的洗涤方式或储存条件，通过分类可以更容易记住并正确处理这些细节。

4. 按照颜色分类原则

将衣物按照颜色进行分类，如黑色、白色、灰色、红色等，可以帮助更好地管理和掌握衣物，可以让衣柜看起来更加整洁和美观，也方便搭配和组合。

附：衣服按照颜色陈列方法：

（1）渐变色梯度：按照颜色的渐变程度，将衣服从浅到深或从深到浅进行排列，有梯度效果可以给人一种和谐、流畅的感觉。

（2）彩虹色序列：按照彩虹的颜色顺序，将衣服从红、橙、黄、绿、蓝、紫依次排列。这种排列方式可以给人一种鲜艳、活力的感觉。

（3）对比色组合：将对比强烈的颜色进行搭配，例如黑色与白色、红色与绿色等，对比色组合可以吸引人的目光，营造出时尚、有趣的效果。

（4）色系分区：将衣服按照颜色的色系进行分区，例如将所有的蓝色衣服放在一起，所有的粉色衣服放在一起等，这样的分区方式可以让人更容易找到自己喜欢的颜色。

（5）中性色衬托：将鲜艳或者亮色的衣服与中性色进行搭配，例如将白色或灰色的衣服作为背景，突出彩色衣服的亮度和鲜艳度。

四、衣物的分类

（1）按照功能分类：将衣服按照不同的功能进行分类，如日常穿着装、正式场合装、运动服装、家居服等，通过对衣服的功能分类可以快速选择服装。

（2）按照服装类型分类：将衣服按照不同的服装类型进行分类，比如上装、下装、外套、礼服、打底衫等。

（3）按照穿着频率分类：将衣服按照穿着频率进行分类，将经常穿的衣物放在更容易取用的位置，而较少穿的衣物可以放在不经常使用的地方。换季的衣物则用收纳箱收纳置于柜子顶部或底部。

（4）按照悬挂与折叠分类：衣服按照悬挂和折叠分类是一种常用的方法。将需要悬挂的衣物分类挂在衣架上，包括外套、衬衫、连衣裙等需要保持整齐外观的衣物；将适合折叠的衣物分类整理在抽屉、隔板或储物箱中，包括T恤、毛衣、裤子、内衣等。无论是悬挂还是折叠的衣服都可以按照颜色、季节或者穿着频繁程度来进一步细分。

（5）同属性的分类：

①外套：羽绒服、棉衣、大衣、夹克、外套毛衣等。

②内衬：打底毛衣、保暖内衣、加绒卫衣、秋褂、秋裤、打底裤等。

③袜子：长毛袜、普通长袜、薄款丝袜、船袜等。

④内衣：文胸、背心、抹胸、内裤等。

五、筛选衣服的方法

筛选衣服的方法可以根据不同的需求和习惯进行选择，以便于清理衣橱，留下真正需要的衣服。无论采用何种筛选方法，都应该注意保持衣橱的整洁和有序，定期清理和整理衣物。

1. 根据职业筛选

职业相关的着装是使用频率较高的着装，因此根据职业来筛选衣物出错率较低，一些不符合本身职业性质的可以考虑先舍弃。

2. 根据颜色筛选

将不喜欢或不适合自己的颜色的衣服筛选出来，选择自己喜欢和适合颜色的衣服。深色肤色的人适合深色衣服，如黑色、深棕色、深灰色等。

3. 根据尺码筛选

将不合适自己尺码的衣服筛选出来，不同款式，不同品牌尺寸有所区别，留下合适自己尺码的衣服，如过于紧身、过于宽大的衣服舍弃。

4. 根据使用频率筛选

回顾过去的一年，将没有穿过或者几乎不穿的衣服筛选出来，只留下经常穿的衣服。

5. 根据衣物状况筛选

经常检查衣服的状况，将破损、褪色或者已经过时的衣服筛选出来，只留下状况良好还能继续用的衣服。

6. 根据实用性筛选

实用性是指日常活动使用频率高的衣物，是根据你的工作、学习、运动和社交活动等来确定的。将只能搭配一种或几种衣服的单品筛选出来，留下能够搭配多种衣服的实用单品，能适合多种场合。例如，一件白色衬衫可以穿搭出正式和休闲两种风格，一条黑色裤子可以搭配不同款式的上衣。保留最实用的衣物有助于轻松穿搭，减少浪费和混乱。

六、换季衣服的整理方法

换季衣服的整理可以将不适合当前季节的衣服储存起来，目的是便于管理和使用，挑选出适合当前季节的衣物。其换季衣服整理方法如下：

1. 清空衣柜

换季衣服整理时，首先将所有衣物从衣柜中取出，清空衣柜的目的是更好地整理和清楚衣物的类型、数量。

2. 分类整理

集中所有换季衣服，将换季衣服按照类型和穿着时间进行分类。若储物空间有限，将先穿的衣服放在上面，依次类推。

3. 评估衣物

对每件衣物进行评估，判断其是否仍然适合穿着，检查衣物的质量、磨损程度和是否合身。如果衣物已经破损或者不再适合，可以考虑丢弃或者捐赠。

（1）换季的真丝类衣物需要避光包装，如用拷贝纸或柔软的布包裹后再收纳入柜，避免阳光直射后氧化导致面料脱色。

（2）羊绒或者毛料的衣服适合折叠，久挂容易变形，按照轻上重下原则来放，保护衣服不被压迫。羊绒、羊毛类衣物收纳时与真丝面料分开放置，羊毛类容易扎毛真丝衣物，也要避免羊绒与其他硬质材料的衣服混放，容易引起衣物之间的摩擦后起球。

（3）羽绒服用透气的工具包好，存放于干燥的衣柜内，注意上面不要重压。高级绒面和皮毛服装，一般应挂起来存放，避免影响美观和穿着效果。

（4）高档棉麻衣物需要用温水和中性洗涤剂清洗晾干。

（5）皮革类的衣服需要皮革清洗剂进行清洗，用皮革保养剂进行养护之后再收纳。

七、悬挂衣服的方法

悬挂衣服可以保持衣物的整洁和防止皱褶，也方便快速地拿取，是较为理想的一种衣物收纳方法。但像毛衣和特别厚重的衣服则不适合悬挂，因为材质、重量和选择的衣架等原因会致使毛衣被拉长或局部变形。为了使挂起来的衣服不易变形、减少褶皱，悬挂衣服时更要注意方法。

1. 衣架选择

不同类型的衣物需要不同类型的衣架。例如，宽肩衣架适合悬挂上衣和外套；裙子衣架适合悬挂裙子和长裤；裤子夹子衣架适合悬挂裤子等。选择质量好的衣架，能够承受衣物的重量，并且不会留下痕迹；衣架的尺寸应与衣物的尺寸相匹配，以保持衣物的形状和轮廓，过大或过小的衣架可能会导致衣物变形或起皱。

2. 衣物悬挂前整理

在悬挂衣物之前，先进行整理，如去除衣物上的灰尘、抖松衣物或者熨烫等，以保证衣物的干净和整洁。

3. 衣物悬挂方式

将衣物平整地悬挂在衣架上，注意衣物的衣领、袖口、裤腰等部位的整齐和平整；如将上衣或外套的肩部放在衣架的肩膀上，确保衣物的整个背部都在衣架上。如果衣物有肩垫或特殊细节，可以使用宽肩衣架来保持形状和轮廓。如可以使用裤子夹子衣架或裙子衣架，将裤子或裙子的腰部夹在衣架上，确保衣物的褶皱和线条保持整齐。还应该保持衣物之间的间隔，以便于通风和避免衣物之间的摩擦和挤压。

4. 衣物悬挂位置

在悬挂衣物时，应该根据衣物的种类和用途，选择合适的位置。如季节性和工作服应该放在易于取用的位置，换季衣物可以放在不太显眼的位置，将常用的配饰放在易于取用的位置，节省空间和方便管理。

八、衣物的折叠方法

1. 折叠衬衫

（1）将衬衫反面平铺，左右分别从 1/4 处折叠，将袖口折起；

（2）将衣服头尾再按 1/4 处对折，最后中间对折即可。

2. 折叠牛仔裤

（1）先将牛仔裤摊平对折在一起，翻其一角大概是膝盖的部位，把裤裆部位内收一下；

（2）开始从裤腰往底下卷，卷的时候不要太紧，松一点就可以；

（3）然后打开刚开始折起的裤脚，从里面塞入，然后外翻，就可以了。

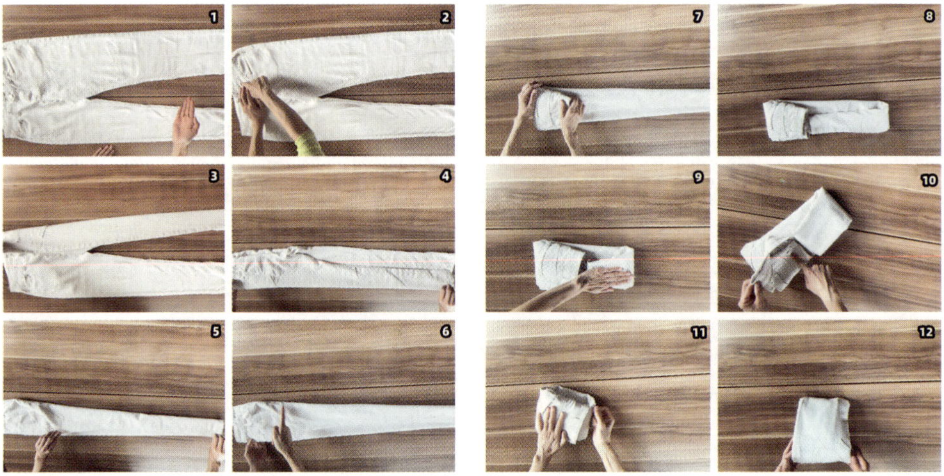

折叠牛仔裤

3. 折叠 T 恤衫

（1）方法一：袖口向后折叠成长方形，在折叠 T 恤衫之前应尽量将它展开放平，可以避免褶皱，尤其要避免领口的折痕。将衣服的袖口向后折叠，根据收纳空间的形状确定最后的宽度。两侧向后折叠，然后对折一次或两次来调整长度。

（2）方法二：将 T 恤衫底部由内向外折一小块；将衣服左右两边的 1/3 处对折；然后由衣领处向下卷起；最后将衣角外翻包在一起。

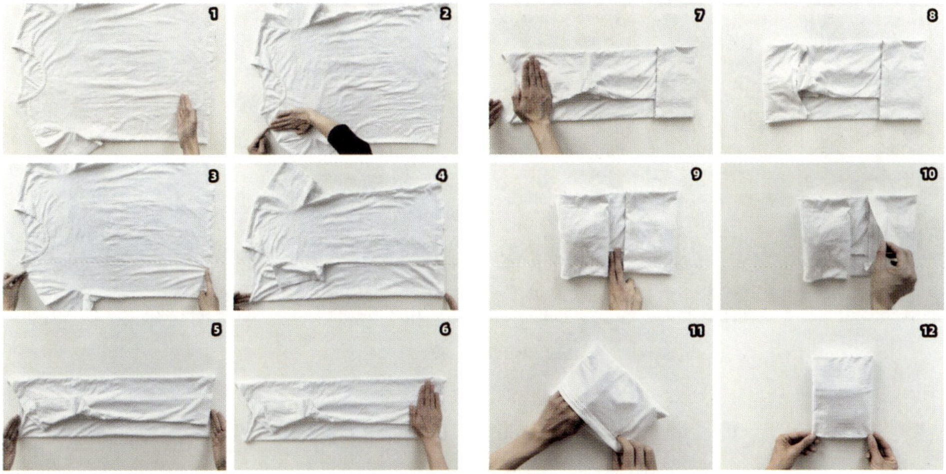

折叠 T 恤衫

4. 折叠开领短袖衫

（1）将开领短袖衫扣子扣好；

（2）衣领比较硬、挺的开领衫，可以将衣领竖起后折叠；

（3）领口比较软的衣服，则要将衣领保持穿着时的形状，在扣子解开的状态下折叠。这样做可以避免衣领和前襟变形，出现褶皱。

5. 折叠无袖开衫衣物

（1）将无袖开衫左右垂直方向对折，避免前襟褶皱；

（2）将无袖开衫衣物在垂直方向对折，就不会在前襟出现横向的折痕；

（3）然后从里面翻向外折叠，可以保持衣服表面的整洁。

6. 折叠毛衣

（1）方法一：背面向上平铺，将两个袖子向内侧折叠，且相互叠压保持水平；将两侧整体向内侧折叠，使宽度保持为毛衣整体宽度的一半；将毛衣下摆向上折叠，至毛衣腋下部位；进行最后的对折，使衣服保持与收纳空间匹配的宽度。

（2）方法二：将毛衣底部向上对折 1/4，将领口部也对折 1/4；然后横向对折，重叠在一起，将左右对称折叠；最后将衣袖部分对折两次，塞入衣服中。

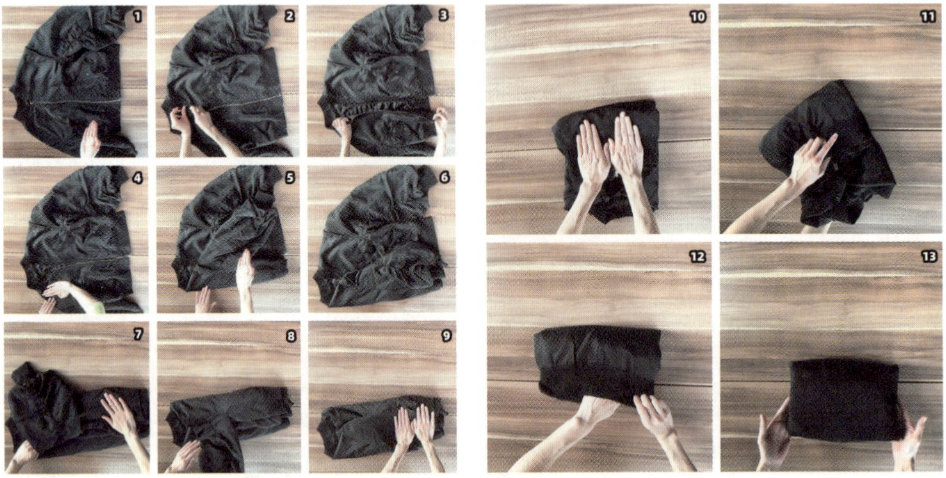

折叠外套

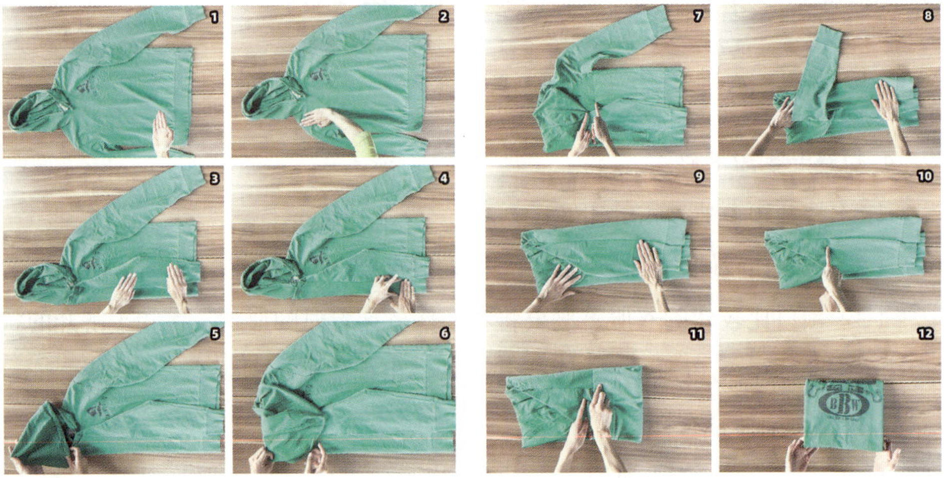

折叠卫衣

7. 折叠半身裙

半身裙要折叠成长方形，将肩部和下摆向中间折回，折叠成长方形，并根据收纳空间大小调整长度和宽度。

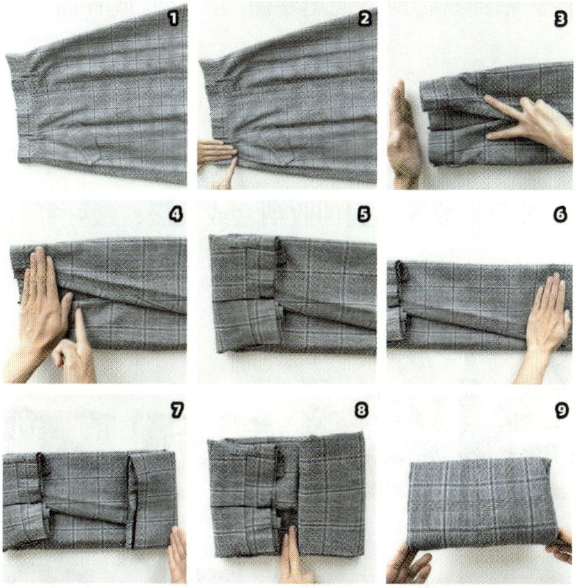

折叠半身裙

8. 折叠长裤

（1）将两条裤腿搭在一起折叠是关键；

（2）将两条裤中一条按照裤线折叠，另一条按照中线折叠，并将两条为一组，相互缓冲，可防止褶皱的产生。

9. 折叠贴身短裤

（1）利用腰身的橡皮筋固定，叠成小四方形；

（2）叠贴身短裤的顺序和短裤相同，根据宽度折叠两次，裤长也同样折叠两次，把底边塞入腰身的裤腰皮筋内，容易抽取。

九、贴身衣物的整理方法

贴身衣物是指与皮肤直接接触的服装。贴身衣物包括内衣、内裤、胸衣、袜子等，其整理方法如下：

1. 分类整理

将贴身衣物按照类型、厚薄、大小、长短等分类整理，如成套内衣放在一起，平角内裤放在一起，这样可以方便寻找和取用。

2. 折叠叠放

对于贴身衣物，建议采用折叠叠放的方式，这样可以最大限度地节省空间，并且不易产生皱褶。贴身衣物应该使用专用的内衣盒或者抽屉进行存放，避免摆放在外面。

3. 使用收纳工具

将贴身衣物放入分隔盒、收纳盒或抽屉中，可以根据不同种类或功能，将内衣、内裤、袜子等分别放入不同的收纳盒或抽屉，最好每一类都有独立的收纳空间。

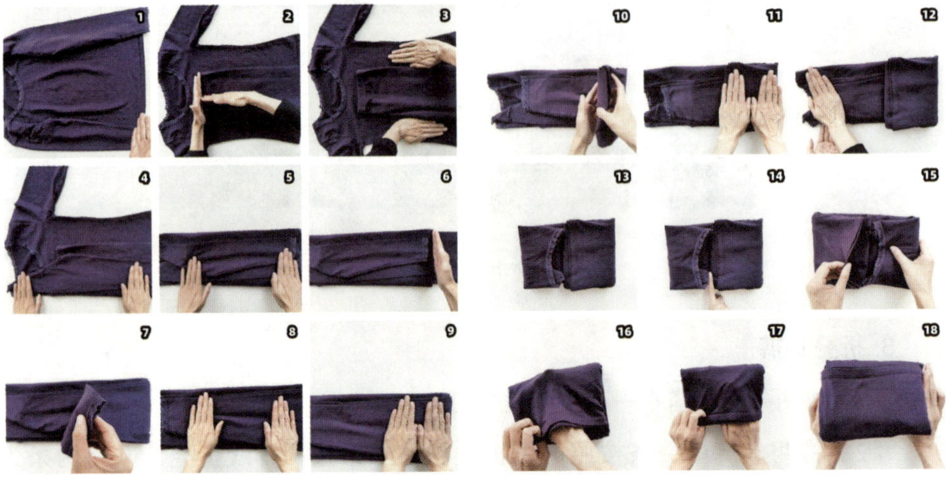

折叠贴身内衣套装

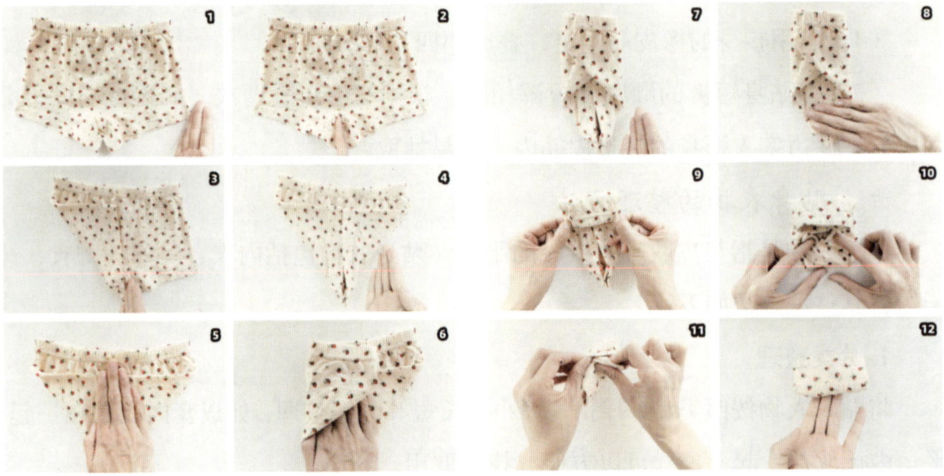

折叠儿童内裤

十、贵重衣物的整理方法

贵重衣物通常指的是价格较高、材质较为精细或者需要特殊保养的衣物，例如丝绸、羊绒、皮草等。以下是整理贵重衣物的方法：

1. 干洗或手洗

对于贵重衣物，最好遵循洗标上的指示进行清洗。一些衣物可能需要干洗，而不是水洗。如果可以手洗，请使用温和的洗涤剂，并轻轻搓洗，避免过度摩擦和拉扯。

2. 折叠保存

贵重衣物最好不要挂在衣架上，因为长时间挂放可能会导致衣物变形或者产生压痕。相反，将衣物折叠起来，用酸性纸或者棉布包裹起来，放置在干燥、通风的地方。

3. 避免阳光直射

阳光会使衣物的颜色褪色和材质受损，因此贵重衣物应该避免长时间暴露在阳光下。可以选择存放在衣柜或者抽屉中，或者使用衣物罩来保护衣物。

4. 定期翻折

贵重衣物长时间放置不动容易产生皱褶，因此建议定期翻折一下衣物，以防止压痕和变形。

5. 温和熨烫

贵重衣物如果需要熨烫，请调整熨斗的温度，选择适当的熨烫布，并轻轻熨烫，避免直接接触衣物表面。

6. 定期保养

定期检查贵重衣物的状况，如有破损或者需要修补的地方，及时处理。对于皮草等特殊材质的衣物，可以选择专业的皮草店进行保养和清洗。

十一、容易变形衣物的整理方法

容易变形的衣物通常包括针织衫、羊毛衫、丝质衣物等。以下是整理容易变形衣物的方法：

1. 温水清洗

容易变形的衣服应该使用温水手洗或者使用洗衣机的柔和模式进行清洗，避免使用热水或者强力洗涤剂，最好也避免使用洗衣机的强力搅拌模式，以免影响衣物的质量和形状。

2. 垂直晾干

容易变形的衣物不宜悬挂晾干，受重力影响会使衣物拉长变形。最好的方法是将衣物平放或者垂直晾干。容易变形的衣服也不适合使用高温熨烫，因为高温会使衣物材质变松弛。可以选择低温或者蒸汽熨烫，同时熨烫时可使用熨烫布来保护衣物。

3. 平放收纳

在收纳容易变形的衣物时，最好将其平放在抽屉或衣柜中，避免挤压和受重物压迫。

十二、礼服类衣服的收纳方法

礼服类的衣服通常比较贵重，需要特别的收纳方式来保护它们。很多采用无防护长时间悬挂礼服，但会导致氧化出现变色和积灰褪色。

（1）收纳前请务必将礼服进行彻底清洗清理。尤其是在服装上可能存有化妆品渍、污垢、尘垢。确保衣物完全干燥后再进行收纳，以防止发霉或产生异味。同时要避免使用酸性护理剂和过于热烫清理。

（2）使用衣物罩或防尘袋。将礼服放在透明的衣物罩或防尘袋中，可以保护衣物免受灰尘、阳光和虫害的侵害。选择透气性好的收纳工具，避免衣物受潮。

（3）对于礼服和长款礼服，最好使用宽松的衣架进行悬挂收纳。衣架应具有足够的宽度和强度，以支撑衣物的重量，避免产生明显的压痕或变形。对于短款礼服或无法悬挂的礼服，可以采用折叠收纳的方式。在折叠之前，先将衣物整理平整，避免皱褶和压痕。将衣物折叠成适当大小，然后放置在干燥、通风的抽屉或衣柜中。

十三、角色类衣服的收纳方法

角色类衣服通常是指戏剧、舞蹈、cosplay 等活动中所穿的服装，这些服装通常比较特殊，需要根据衣服款式、面料和钻饰多少综合整理考虑进行收纳。

1. 清洗

角色类衣服穿毕后需要进行清洁，可以选用熨烫的清洁方式或使用温和的洗涤剂进行清洗，但都要避免对衣服造成变形或者损害。

2. 分类收纳

根据衣物的种类和角色，将衣物进行分类。可以根据衣物的材质和特点，选择折叠或卷起的方式进行收纳。在折叠或卷起之前，先将衣物整理平整，避免皱褶和压痕。若担心折痕可以在折叠或卷之前在衣服上铺一层防酸纸，起到防护衣服材质和减少褶皱的功能。如要进行悬挂，衣架应该选择宽肩的衣架，以保持衣服的形状。角色类衣服也可以使用专用的衣袋或收纳盒进行存放，避免受到灰尘和阳光的影响。衣袋应该选择透气性好的材质，以保证角色类衣服不受潮。

十四、纪念性衣服的收纳方法

纪念性衣服通常是指具有纪念意义的衣物，如婚纱、毕业袍、纪念T恤等，这些衣物通常具有特殊的意义和价值，需要特别的收纳方式来保护它们。可以通过收纳工具统一收纳和放置。

1. 选择合适的储存箱

收纳纪念性衣物时，选择一个合适的储存箱非常重要。最好选择尺寸合适、材质柔软的盒子，以避免损坏衣物。可以选择防潮、防虫、透气性好的盒子，以确保衣物的保持干燥和清洁。

2. 使用酸性保护纸张

在将纪念性衣物放入储存箱中时，建议在衣物周围放置一些酸性保护纸张，以避免衣物与盒子接触时出现黄斑和褪色。

3. 存放位置

储存纪念性衣物时，需要选择合适的存放位置。避免阳光直射的地方，尽量选择干燥、通风、阴凉的地方。

4. 定期检查

定期检查存放纪念性衣物的储存箱和纸张是否完好无损，以确保衣物的保存状态。同时也需要将衣物取出稍微晾晒、熨平，避免衣物在盒子中过长时间累积皱纹和折痕。

十五、床上用品的整理与收纳方法

床上用品是指用于床铺的各种物品，包括床单、被罩、枕套、枕头、毯子、被子、床垫保护套等，在进行整理和收纳床上用品时要根据季节、形状、套系进行整理和收纳。

（1）床单和被罩：可以根据季节或颜色进行分类，将每套床单和被罩折叠整齐，可以放在床头柜或床下的储物箱中，换季的床单被罩可以使用专门的床单袋来收纳。

（2）枕头和枕套：将枕头和枕套进行配对，然后将它们叠放在储物箱中。如果有多个枕头，可以使用专门的枕头袋来收纳，以防止灰尘和污垢。

（3）毯子和被子：将毯子和被子折叠整齐，可以放在床箱里或者使用专门的毯子袋来收纳。如果空间有限，可以考虑使用真空压缩袋来节省空间。羽绒被、蚕丝被怕挤压，怕不透气，不能使用真空袋，尽管真空收纳有省空间的优点，真空后会破坏被子的弹性纤维。被子不需要用力拍打纤维容易拍断成块，破坏了被子的完整性和保暖性。蚕丝被、羽绒被一般不暴晒，应晾置在阴凉处风干，风干后再折叠，置于干燥。

（4）床垫保护套：床垫保护套可以保护床垫免受污渍和磨损。将床垫保护套套在床垫上后，可以使用床单覆盖，然后将床单按照常规方法整理，因床垫保护套属性单一，数量不会太多，在收纳时可以与床单收纳在一起。

将被子放在干燥、通风、避免阳光直射和高温的地方。最好将被子存放在柜子、箱子等容易清洁的地方，并保持干净。使用透明或标记清楚的储物箱、收纳袋来收纳床上用品，可以方便查找和管理。选择适当大小的收纳袋，根据需要进行分类和整理。

十六、配饰整理方法与注意事项

配饰是指用于搭配衣物或装饰个人形象的各类物品，可以提升整体的时尚感和个性，是打造完美造型的必备元素之一。整理配饰需要分类、保养和定期清理，注意避免受潮、暴晒和叠放，一些配饰还需要特殊的保养方法，例如银饰需要定期擦拭，珠宝需要避免与硬质尖锐物质接触。不用的配饰可以选择不同类型的收纳工具帮助收纳。常见的配饰种类如下：

（1）头饰：用在头部及面部的装饰，如帽子、头花、发卡等。

（2）肩饰：丝巾、披肩等，一般收入抽屉或悬挂。

（3）胸饰：胸部佩戴的装饰，项链等，收入饰品收纳盒。

（4）首饰：手链、手镯、戒指，手表等，收入专用保护盒中。

（5）围巾：可以根据季节和造型的需要选择不同的款式和材质，可以使用围巾架收纳或者折叠收纳在抽屉里。

（6）腰带：可以根据穿着的需要选择不同的款式和材质。

（7）包包：可以根据需要选择不同的大小、款式和材质的包包。临时放置可以使用挂钩或者放在柜子里，整理时需要按用途、大小、材质分开，对于长期不用的包包需要套上防尘套，注意避免阳光直射，包包之间用隔板式纸板进行分隔，避免皮质包之间的相互挤压、变形。

一般配饰不接触化学物质，包含化妆保养品、香水、定型液等有添加化学物质的产品。整理时可用干布擦拭，减少接触手上汗水便能减少氧化的机会，保持干燥才能延长寿命，选择不同类型的配饰收纳工具帮助整理，可以根据配饰的属性和大小来选择工具的类型。

十七、帽子整理方法与注意事项

帽子款式各不相同，有硬有软，有大有小，不同的帽子适用于不同的场合和季节。比如遮阳帽适合夏季户外活动，毛线帽适合冬季保暖，棒球帽适合日常休闲等。因此需要针对不同款式的帽子采用不同收纳方法。

1. 按照用途分类整理

将帽子按照其用途分类，比如运动帽、遮阳帽、保暖帽等，然后分别放置在不同的区域，以便取用。

2. 按照颜色和材质分类整理

将帽子按照颜色和材质分类，比如黑色棒球帽、灰色毛线帽等，然后分别放置在相应的区域。

3. 使用帽架整理

如果帽子较多，可以使用帽架来整理帽子，这样可以避免帽子变形和压烂，同时也方便取用。

4. 利用收纳箱整理

将不常用的帽子放置在收纳箱中，节省空间。夏季的帽子因为皮肤很容易出汗，而汗渍残留在帽子上容易产生污垢，在存储帽子时要定期清洗晾晒后放置收纳箱中。对于特殊材质的帽子也要定期清理掉沾染的灰尘，容易受潮的帽子一定要用纸等物品隔离后装进收纳箱中。非常柔软、韧性好、设计简单的帽子适合卷起来存放。

帽子类型

5. 平放收纳整理

适合平放收纳的帽子有：草帽、宽檐帽、小礼帽、钟形帽，这类帽子收纳方法较多。

方法	图示	特点
挂绳 + 夹子收纳		这种简单操作，起到展示作用，方便使用
挂杆 +S 型挂钩收纳		这种收纳适合帽子比较多、空间比较大的，方便取拿
挂杆 + 圆环收纳		适合收纳运动型的帽子

续表

方法	图示	特点
无纺布挂袋		无纺布挂袋适合运动帽、渔夫帽等

十八、袜子整理方法与注意事项

不同季节和场合有不同的袜子款式，如夏季可选择透气性好的袜子，冬季可选择保暖性较好的袜子，夏天穿裙子时是轻薄丝袜，冬天穿裙子是偏厚的打底袜。整理时将袜子按照种类和功能进行分类整理，需要将一双袜子配对并将它们放在一起，避免丢失或混乱。如果袜子有破洞或其他损坏，若需要再穿可以用针线进行修补，若不需要则可舍弃。

折叠袜子

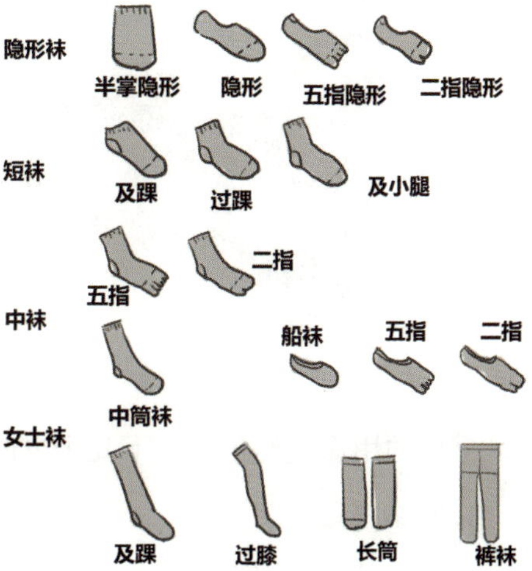

袜子种类

（1）按材质分类：袜子按材质可以分为棉质、丝绸、羊毛、尼龙等不同种类。不同材质的袜子在透气性、保暖性、舒适度等方面也有所不同。

（2）按功能分类：袜子按功能可以分为运动袜、日常休闲袜等。不同功能的袜子在设计、材质、厚度等方面也会有所不同。

（3）按款式分类：袜子按款式可以分为短袜、中筒袜、长筒袜、厚袜等。

不同款式的袜子适用于不同的季节、场合和穿着习惯。

第六节　书房书柜整理与收纳

一、书柜的概念

书柜是用来存放书籍的家具，书柜有封闭式的、半封闭的、开放式的，有些书柜有门和抽屉，可以将书籍完全收纳在柜子里面，保护书籍免受灰尘和日光的侵害。书柜可在书房、办公室等多场景使用，可以将书籍全面展示出来，方便阅读。

书柜

书柜的用途主要包括以下几个方面：

1. 收纳书籍

书柜最基本的用途就是收纳书籍，将书籍整齐有序地放置在书柜中，方便查找和使用。

2. 展示装饰

书柜也可以用来展示装饰品和摆件，比如文艺复古的小物件、摆钟、植物等，可以增加房间的气息。

3. 储存物品

除了书籍，书柜还可以用来储存其他物品，比如文件、文具、书稿等，可以让你的房间更整洁。

4. 分隔空间

有些书柜具有隔板或者抽屉，可以将不同的物品分开存放，起到分隔空间的作用。

二、书柜的分类

书柜是书房家具中的主要家具之一，是专门用来存放书籍、报纸、杂志等物品的柜子，书柜的分类根据材质和类型可以分为以下几种：

（1）标准书柜：这是最常见的书柜类型，通常由木材或板材制成，有固定的架层和搁板，适合存放各种大小的书籍。

（2）壁挂书柜：这种书柜直接安装在墙上，节省空间，适合小空间或者需要装饰墙面的场所。壁挂书架通常由金属、木材或者玻璃制成。

（3）转角书柜：书柜是设计成三角形的，放置在房间的转角角落，充分利用空间，适合小空间或者角落位置。

（4）开放式书柜：这种书柜没有固定的背板，通常由横板和立柱组成，可以自由摆放书籍和装饰品，适合展示书籍和装饰品。

（5）玻璃门书柜：带有玻璃门，可以展示书籍和装饰品的同时保护它们免受灰尘和损坏，适合有珍贵书籍或者收藏品的人。

（6）折叠书柜：顾名思义就是书柜可以折叠或者展开，方便携带和移动，适合需要经常搬家或者临时使用的场所。

（7）梯形书柜：架层呈梯形排列，形状独特，可以增加空间层次感，适合

壁挂书柜

倚墙书柜

用于小型空间，用于装饰和展示书籍。

（8）儿童书柜：是专为儿童设计的，通常有色彩鲜艳、可爱的外观，书柜3~4层，适合存放儿童书籍和玩具。

三、书籍整理常识

书籍是我们获取知识和娱乐的重要来源。书籍整理前先将书籍分类，可以按照主题、作者、类型等进行分类，可使用书架、书立或者书盒等工具来固定书籍。

1. 分类整理

首先要将不同种类的书籍进行分类整理，如将文学、历史、哲学等分别放在不同的书架或者书柜里，以便于管理和查找，也可将同一作者的书籍放在一起，或者将同一学科的书籍放在一起。

2. 使用书立

书立是一种用于展示和存放书籍的工具，它可以更好地展示书籍，并使整个书柜看起来更有条理，分类时可将书籍同时可以在书立上做好标识以便快速识别到需要的书籍。

3 避免阳光直射

书籍应该避免阳光直射，以免对书籍造成损坏。可以将书籍放在阴凉干燥的地方，或者使用窗帘遮挡阳光，平时可以使用软毛刷或者吸尘器进行清理。

四、书籍的分类：

将书籍按照学科分类是一种常见有效的方式，它可以帮助快速、便捷地找到所需要的书籍，也方便书籍的整理和管理。以下是一些常见的学科分类：

社会科学类：包括政治学、哲学、经济学、法律、教育学、人类学、心理学等；

自然科学类：包括数学、物理学、化学、天文学、地质学、生物学等；

工程技术类：包括电子、机械、材料、能源、环境、交通等；

农林类：包括农业、林业、畜牧、渔业等；

医药类：包括医学、药学、中医学等；

文学类：包括小说、诗歌、散文、戏剧等；

艺术类：包括绘画、音乐、舞蹈、电影等；

历史类：包括世界史、中国史、民族史、军事史等。

整理书籍可以参照以下步骤进行：

（1）清空书架或书柜：将所有的书籍先取出来，放到一个空的地方，比如桌子以便于分类整理。

（2）分类：按照一定的分类标准将书籍进行分类，比如按照学科分类，也可根据个人的需求和习惯来确定分类方法。

（3）筛选：对于一些不再需要的书籍，可以考虑捐赠、回收或者卖掉，只保留自己真正需要的和喜欢的书籍。

（4）整理：根据分类结果将书籍按照一定的顺序放回书架或者书柜中， 可以按照大小、颜色、字母等排序，让书架整齐美观。

（5）标记：可以考虑在书籍上标记或者贴标签，以便于查找和归类。

（6）定期整理：定期检查、整理书架或书柜，及时清理不需要的书籍，保持整洁有序。

五、书籍上架的收纳方法

书籍上架之前首先需要将书籍进行简单的清理，去除灰尘和污渍，可以使用吸尘器或湿布进行清洁。其次可将书籍按照学科、作者、出版时间、尺寸分类。最后，可以根据个人的需求和习惯选择收纳方法。

1. 按照主题收纳

书籍摆放时可以按照既定好的主题类别进行摆放，也可将常用的书籍放在容易取得的位置，已经阅读过的书籍和未阅读的书籍分开放置。

2. 按照尺寸分类摆放

将书籍按照尺寸分类，同一尺寸的书籍放在一起，尺寸大的书籍放在下面，尺寸小的书籍放在上面，这样可以保持书架的稳定。

3. 按照学科分区摆放

将书籍按照学科类别分区摆放，每个区域贴上标签，方便查找，还可以将书籍按照使用目的进行分类。

六、观赏性书籍的分类与注意事项

观赏性书籍是指那些以图像、插图、照片等视觉元素为主要内容的书籍。这类书籍通常包括艺术、摄影、设计、时尚、建筑、园艺等领域的书籍。

（1）艺术类书籍：包括书法、雕塑、摄影等书籍。

（2）建筑设计类书籍：涵盖了建筑艺术、建筑设计、建筑模型等。

（3）园艺类书籍：包括园艺种植、花卉栽培等。

（4）美术类书籍：包括绘画、素描、瓷器等。

对于观赏性书籍的保护除了我们在整理时小心仔细，也要按分类进行存放。避免灰尘和阳光，做到定期清洁，定期擦拭书籍表面灰尘，避免书籍过度老化。同时选择适当的收纳工具和涂装辅助剂，增强书籍表面的硬度及防水性。

七、壁挂书柜的放置方法及注意事项

壁挂书柜是一种安装在墙壁上的储物家具，用于存放书籍、文件或其他物品。不需要占用地面空间，能够最大化利用垂直空间。壁挂书柜的承重能力取决于书柜的设计和材料，以及墙壁的结构。壁挂书柜可以在客厅、书房、办公室等各种场所使用，提供方便的储物空间，并且能够展示书籍和装饰品。

1. 壁挂书柜放书方法

（1）分类摆放：将书籍分类放入书柜，尽量保持书本的竖直位置，避免书本弯曲或变形；放置顺序可以按照大小、颜色、封面等进行排列，或者根据内容和使用频率进行排序。

（2）利用空间：尽量充分利用书柜的空间，将书籍规整地摆放在书架上，若空间富裕，可以在书柜上添加一些装饰品，如小摆件、照片或植物等，以增添书柜的美观度。

2. 注意事项：

（1）分层负重：书柜的每层书架都有一定的承重限制，不要超过其承重范围。尽量将较重的书籍放置在较低的位置，以保持书柜的平衡和稳定。

（2）均匀分布重量：尽量均匀分布书籍的重量，避免书柜一侧过重导致不平衡。

八、转角书架的书籍放置要求

转角书架是一种特殊形状的书架，它通常被设计成可以放置在房间的转角处，充分利用空间。书架通常具有多层次的设计，可以通过不同高度的架板来存放书籍。一些转角书架有可调节的架板，可以根据书籍的尺寸和高度进行调整，以适应不同大小的书籍。

由于转角书架的设计需要支撑在房间的角落处，因此它通常具有较好的稳定性，以承载书籍和其他物品的重量。放置书籍时可以根据个人喜好和审美，决定书籍的放置顺序，按照大小、封面颜色等进行排列，或者根据内容和使用频率进行排序也是不错的方法。避免堆砌或是不均衡放置。

九、文件类收纳方法

家庭文件是家庭成员生活中重要的记录和信息，需要妥善保存和管理。家庭文件需要分类整理，并使用合适的文件夹、文件盒或文件柜进行存放，以便快速查找和保护。同时，可以考虑进行数字化存储，将重要的文件扫描成电子文件备份，并保存在安全的存储设备或云存储中，家庭文件包括但不限于以下内容：

（1）个人证件：包括身份证、护照、驾驶证、户口本等。

（2）家庭成员的健康档案：包括体检报告、疫苗接种记录、医疗保险信息等。

（3）财务文件：包括银行账户信息、投资记录、税务文件、房贷或车贷文件、保险合同等。

（4）房产和土地文件：包括房产证、土地使用证、房屋租赁合同、物业管理文件等。

（5）学历和教育文件：包括学位证书、学校成绩单、培训证书等。

（6）家庭保险文件：包括车辆保险、家庭财产保险、人寿保险等。

（7）法律文件：包括婚姻证书、遗嘱、合同、授权文件等。

（8）日常账单和发票：包括水电费账单、电话费账单、购物发票等。

家庭文件收纳的方法：

（1）文件夹和文件盒：使用文件夹和文件盒是最常见的文件收纳方法。可以根据文件的类别或者重要性，将文件整理装在不同的文件夹，并在文件夹上标注清楚文件的内容。然后将文件夹放入文件盒中，以便整齐地存放和保护文件。

（2）文件柜：如果家庭文件较多，可以考虑购买一个文件柜或在书柜的特定区域，将文件按照类别或者时间顺序放入不同的抽屉中，同时使用文件夹、标签。

（3）保险柜：一些家庭选择用保险柜收纳家庭中比较重要的文件，保险柜收纳文件可以根据家庭的需要和文件的重要程度来进行选择，但也需要用文件袋做好分类和做好识别标签。

十、学习类用具的收纳方法

学习类用具是指用于学习和教育活动中的各种物品。可以帮助学习者更好地理解和掌握知识，提高学习效率。常见的学习类用具有：笔记本、笔、书包、文件夹、笔记本电脑、计算器、尺子、量角器、化学试剂、乐器、拼图、笔筒或文具盒等。

（1）分格收纳盒：使用分格收纳盒来收纳小件文具，如图钉、回形针、订书钉、胶带等，将不同种类的小件文具分别放入不同的格子中。

（2）文件夹或文件袋：使用文件夹或文件袋来收纳文件、作业本、卡片等。可以根据学科、课程或项目来分类。

（3）文具盒或笔袋：使用文具盒或笔袋来收纳小型文具，如橡皮擦、尺子、直尺、三角板等，方便携带和使用。

（4）标签和整理：可以使用标签或贴纸进行标记，以便快速找到需要的文具。

（5）专用收纳盒：如果有大量的学习文具，可以考虑使用专用的收纳盒来存放和整理。

十一、书画、荣誉奖章等物品的收纳方法

书画、荣誉奖章等藏品的收纳基本都需要进行精心处理，以防止它们受到损坏。若书画、荣誉类特别多，需要选择性的陈列。若家庭空间大可以使用独立的空间进行收藏。不同的藏品有不同收纳的方法，最好选择专用的保护收纳工具。如在收纳书画时，应使用无酸性的纸张和材料，以防止酸性物质对藏品的腐蚀和损害。也可以使用专门设计的保护套或盒子来保护书画、荣誉等藏品，避免受到灰尘、湿气、光线等侵害。

1. 书画

书画要考虑尺寸和形状，最好将同一主题或风格的书画保存在同一个位置。选择清洁、干燥和光线较暗的储存区域，最好是地下防水的房间或储藏室，并用专门的存储套或卷轴卡纸保护书画。

2. 荣誉奖章

荣誉证书和奖章可以使用保温纸封装，也可以用证书夹、证书盒、展示柜进行收纳。

3. 瓷器、陶器

瓷器、陶器是易碎的收藏品，一般选择展示柜，透明的居多；一些不做展示的藏品需要用气泡膜等缓存材质进行保护。

4. 书房摆件和艺术品

书房摆件和艺术品是用来装饰书房的物品，因此根据书房颜色来搭配摆放，如浅色书房用深色艺术品。

第七节　卫生间浴室柜整理与收纳

一、卫生间的分区

卫生间是居家生活中重要的公共空间，通常包括马桶、台盆、沐浴间、浴缸、镜子、柜子等设施。卫生间的分区是根据实际需求和设计标准来确定，卫生间的通行空间应该足够宽敞，以满足使用者的生活需求，还需具有良好的通风系统，以排除湿气和异味。卫生间需要经常清洁消毒，特别是马桶、淋浴间，可减少细菌滋生。卫生间可以分为洗漱区、储物区、马桶区、淋浴区、换衣区等。

1. 洗漱区

洗漱区是洗手间的主要区域，通常有洗手池、镜子、肥皂盒、纸巾盒等设施。

2. 储物区

储物区通常是指放置卫生纸、洗护用品、卫生用品等物品的区域。这个区域在洗漱区附近，还有台盆柜、镜面柜。

3. 马桶区

马桶区是指放置坐便器的区域。这个区域与洗手区、储物区分开，以保持卫生和隐私，可减少细菌交叉感染。

4. 淋浴区

淋浴区通常是指放置淋浴设施的区域。这个区域应该与其他区域分开，以保持干燥和卫生，避免干湿混淆。

5. 换衣区

换衣区通常是指放置衣物、毛巾等物品的区域。这个区域应该与其他区域分开，常见的收纳工具有墙壁挂钩和收纳柜。

二、分区储物的方法

卫生间分区收纳是一种有效的储物方式，可以帮助我们更好地收纳物品，提高空间利用率。卫生间分区储物的方法很多，可以按照功能分区储物，也可以按物品种类分区储物等。

1. 按功能分区储物

（1）洗漱区：将牙刷杯、牙刷、牙膏等物品放在洗漱区，方便洗漱使用。

（2）淋浴区：将洗发露、淋浴露、香皂等物品放淋浴区，方便洗澡使用。

（3）马桶区：将消毒液、卫生纸、马桶刷、马桶垫等物品放在马桶区，方便使用和清洁。

（4）储物区：将湿巾、洗衣粉、洗衣液等物品放储物区，方便存放和使用。

2. 按物品种类分区储物

按照物品种类分区可以帮助更好地整理和存放卫生间物品。以下是一些常见的卫生间按照物品种类分区的方法：

（1）洗漱用品区：将洗面奶、牙膏、牙刷、漱口杯等洗漱用品放在一起，可以使用一个储物柜或抽屉来存放。还可以使用小盒子或分隔板来划分不同的区域，保持物品的整齐和有序。

（2）毛巾区：将浴巾、手巾、面巾等毛巾类物品放在一起。可以使用一个专门的毛巾架或抽屉来存放，或者使用挂钩将毛巾挂在墙上。

（3）卫生纸区：将卫生纸放在一个固定的位置，可以使用一个储物柜或专门的卫生纸架来存放。可以根据需要选择适当的容量，确保始终有足够的卫生纸供应。

（4）化妆品区：将化妆品如粉底、口红、眼影等放在一起。可以使用一个化妆品盒或储物架来存放，可以按照不同的种类或用途进行分区。

（5）清洁用品区：将清洁用品如洗手液、洗洁精、洗衣液等放在一起。可以使用一个专门的清洁用品柜或抽屉来存放，确保清洁用品的整齐和方便取用。

储存在卫生间抽屉里的物品需要事先进行分类整理并定期清理消毒，避免细菌滋生。为了更好地储存物品并延长其使用寿命，对不同状态的物品采取适当的收纳方法。对于未开封的物品应该考虑使用原本自带的密封性保护，将其放在防尘、防潮、防晒的条件下储存。对于已开封的物品首先需要密封，可以使用保鲜袋、密封盒等封存；其次，建议尽快用完，以免过期腐坏。如果物品使用较少，则应将其放在干燥、防潮、防尘、防晒的环境下，避免与暖气等热源接触。

三、浴室柜的收纳功能

沐浴区是浴室中一个重要的区域，需要合理的物品整理收纳方法来保持整洁和方便使用。浴室柜是浴室中常见的收纳家具，它的收纳功能可以帮助整理和存放洗漱用品、沐浴用品等，从而更好地管理空间和利用空间。同时，浴室柜在卫生间里也起到了干湿分离的作用。

1. 收纳毛巾和浴巾

浴室柜可以用来收纳毛巾和浴巾，将它们叠放在柜子里。但常用毛巾可用挂钩挂放晾晒。

2. 收纳洗漱用品

浴室柜可以用来收纳备用洗漱用品，如牙刷、牙膏、洗发水、沐浴露等。可以使用收纳盒或者收纳篮将它们分类整理。

3. 收纳化妆品

浴室柜也可以用来收纳化妆品，如洗面奶、面霜、化妆棉等。可以使用收纳盒或者收纳篮将它们分类整理，方便取用。

4. 收纳清洁用品

浴室柜可以收纳备用的清洁用品，如洗手液、清洁剂、香皂、肥皂等。放置时可以使用收纳筐或者按照高矮逐一摆放。

四、洗漱区物品整理与收纳方法

洗漱区是我们每天都要使用的区域，它的整洁和收纳显得尤为重要，不仅要干湿分离，还要考虑物品放置的便利性。无论洗漱区空间多小，都需经常检查清理化妆品，洗护用品等。

1. 分类整理

将洗漱区的物品按照种类进行分类整理，如牙刷、牙膏、洗面奶为洗漱类，化妆水、护肤液等为护理类。借助收纳盒或者收纳篮将它们分类整理。

2. 使用置物架

在洗漱区台面或墙上使用置物架，在合理有效利用的空间同时也是增加了储物的空间。

3. 悬挂收纳

在洗漱区使用挂钩或者挂架，可以将毛巾、浴巾等物品悬挂在上面，不仅有晾晒的功能，还可以节省空间。

4. 借助柜子

在洗漱区使用挂壁柜或落地柜，可以将物品放置在柜子里，不仅可以保持整洁，还可以避免物品被灰尘覆盖。

五、沐浴区物品整理与收纳方法

沐浴区是指卫生间中专门用于洗浴和清洁身体的区域，它通常有淋浴区或浴缸区。一般淋浴区是用来洗澡的主要区域，浴缸区是泡澡的区域，它们均可以是独立的存在，也可以合二为一。主要用品有：

（1）洗发用品：洗发水、护发素、发膜等。

（2）沐浴用品：沐浴露、香皂、沐浴乳、沐浴盐等。

（3）洗面用品：洗面奶、洁面乳、洗面皂等。

（4）洗澡工具：浴球、海绵、沐浴刷、搓澡巾等。

（5）洗浴配件：浴帽、浴袍、浴巾、拖鞋等。

（6）护肤品：身体乳液、身体霜、润肤露等。

沐浴区物品的收纳注重分类整理，避免过度堆放，可以使用分层架、抽屉等收纳工具，但选择的工具要易于清洁，避免使用难以清洁的织物收纳工具。

（1）使用浴室柜：在沐浴区的附近设置一个浴室柜，可以用来存放洗发水、沐浴露、护肤品等物品，柜子可以带有抽屉或隔板。

（2）使用浴缸边架或浴缸托盘：在浴缸边缘放置架子或托盘，可以将洗浴用品放在上面，方便取用，一般不将沐浴用品放置在浴缸上，避免滑落。

（3）使用吊篮或吊挂袋：在淋浴区的墙壁上或淋浴喷头旁边安装吊篮或吊挂袋，可以放置洗发水、沐浴露等物品。这样可以节省空间，同时也方便取用。

（4）使用挂钩或挂钉：在墙壁上安装挂钩或挂钉，可以悬挂浴巾、浴袍、拖鞋等物品，方便取用并节省空间。

六、马桶区物品整理与收纳方法

马桶区是一个与个人卫生密切相关的区域，因此物品的放置应符合卫生要求。物品应保持清洁，并定期清理和消毒。避免将易腐烂或易污染的物品放置马桶区，以防止交叉污染。马桶区的收纳需要合理安排，物品的放置应以方便取用为主。

常用的物品如卫生纸、湿纸巾、清洁液等应放置在易于取用的位置，避免弯腰或翻找物品。物品的放置应考虑安全性，避免将易碎物品放置在高处，也要避免将危险品或有毒物品放置在没有防护的马桶区，防止儿童误触或误用。在物品多的情况下选择合适的收纳工具，如马桶柜、挂钩、置物架等来合理布置空间和进行物品的放置。

（1）马桶柜：选择一个适合马桶区的柜子，可以放置马桶上方或侧面，用来存放卫生纸、湿纸巾、洗手液等常用物品。

（2）半封闭式收纳架：半封闭式收纳架可以在开放式的空间放置护理用品，在封闭式的空间放置清洁用品如马桶刷等物品。要选择一个合适的马桶刷架，将马桶刷放置在其中，保持卫生。

（3）挂钩或挂钩架：在墙面或柜子上安装一些挂钩或挂钩架，可以悬挂临时浴巾、更换衣服、浴帽等物品。

（4）垃圾桶：放置一个小型垃圾桶，最好是有盖的垃圾桶，方便处理洗手间废弃物。

七、洗衣区物品整理与收纳方法

在洗手间增加一个洗衣位是很多家庭购买第二台洗衣机摆放的位置，洗衣区一般放置洗衣机和洗衣相关的物品，为了增加操作灵活和增大储物量，会选择洗衣机有隔板类的收纳台来扩容。

1. 分类整理

将洗衣区的物品按照种类进行分类整理，如洗衣液、柔顺剂、洗衣粉、肥皂等分开放置，也可以使用收纳盒辅助收纳。

2. 使用洗衣机置物架

在洗衣机上或旁边放置物架，不仅方便取用物品，而且可以有效地利用空间。

3. 借助移动柜子

在洗衣区使用移动柜子，可以将物品放置在柜子里，不仅可以保持整洁，还可以避免物品被灰尘覆盖。

八、卫生间特殊物品的放置方法

卫生间特殊物品是指一些既不属于基本卫生设施，又不是日常用品。这些物品是在特殊情况下使用，可增加卫生间的舒适度、功能性或装饰性。以下是一些常见的卫生间特殊物品：

（1）香薰瓶或香薰蜡烛：用于散发香气，改善卫生间的气味。

（2）植物：在卫生间放置一些适合湿度环境的植物，可以增加空气质量和装饰效果。

（3）装饰画或墙贴：用于装饰卫生间的墙面，增加美感和个性。

（4）私密物品：个人私密物品可以通过使用专用收纳盒将它们集中放置，方便管理和保护。对于不同种类的物品，可以使用标签或分隔器进行分类和标记，同时避免混淆。

九、卫生间备用物品的整理方法

备用物品是指平时不常用，但是在需要时可以替代的物品，例如备用的毛巾、洁厕用品、洗护用品等。以下是洗手间备用物品的整理方法：

1. 分类整理

将备用物品按照种类进行分类，例如将备用的洗护用品等分别放在不同的柜子或箱子中。在备用物品上标记使用时间、种类、数量等信息，便于管理和使用。

2. 储存位置

洗手间不是理想的储物空间，一般少放物品为好。将备用物品放在易取得的地方，要定期检查备用物品的使用情况，及时更换或补充，以保证备用物品可以随时使用。

十、卫生间的储物工具使用方法

墙壁收纳架

卫生间通常需要更多的存储空间，应巧妙地使用收纳工具来收纳物品。

（1）墙壁收纳架：可以挂在墙上，存放洗漱用品、毛巾、卫生纸等。这种收纳架可根据需要自由调整高低，节约了空间。

（2）吸盘式收纳架：一种挂在墙壁或镜子上的小型储物架，可以存放瓶子、护肤品、牙刷等物品。

（3）壁挂式化妆镜：不仅可以用于化妆和修饰发型，还可以存储小型物品，例如口红、香水、手表等，

吸盘式收纳架

壁挂式收纳化妆镜

方便收纳整理。

（4）收纳柜：可以用于存放清洁用品、衣服、毛巾等物品。可以有效避免乱摆乱放，使用起来也非常方便。

（5）地面置物架：可以用于存放护理用品、清洁用品、纸巾等。它可以放在卫生间角落，避免浪费空间。

卫生间收纳柜

地面置物架

（6）吸盘式置物架：吸盘可牢固吸附在墙壁上，提供储物场所，也不损坏墙壁，同时方便取放和移动。

（7）洗漱台收纳架：洗漱台收纳架是很常用的收纳工具，常常贴在台面边缘或者挂在洗手池旁边，方便收纳。

（8）收纳篮：可用于存放洗衣粉、洗涤剂、卫生纸等物品。

吸盘式置物架

洗漱台收纳架

（9）置物架：可放置在卫生间柜子上方，用于存放化妆品、洗发水、沐浴露等。

（10）毛巾架：用于挂放毛巾、浴巾等。

（11）化妆品收纳盒：用于整理化妆品、刷子等。

（12）洗漱杯架：用于放置洗漱杯。

（13）多功能收纳架：可用于存放各种小物件，如耳棒、化妆棉等。

第八节　阳台储物柜整理与收纳

一、阳台储物柜的概念

阳台储物柜在生活中起到了很强的收纳作用，很多不容易收拾的物品可以直接放在阳台储物柜中，储物柜子而且可以根据阳台的尺寸进行设计定制。

阳台常见的储物柜材质有铁质的、木质的等。

（1）木质储物柜：木质储物柜主要由实木或板材制成，是一种常见的家庭卧室或客厅储物工具。通常具有较好的防潮和防水性能，且美观、实用。

（2）铁质储物柜：铁质储物柜通常由钢板、金属架、连接件构成，强度高，稳定性好。铁质储物柜大体可分为工业风格和极简风格两大系列，工业风格的铁质储物柜不仅可以实现储物功能，还可以增加家居的装饰性。

（3）塑料储物柜：塑料储物柜通常由 PP 材料制成，容易清洗且具有较好的耐磨性能，防潮效果也不错。塑料储物柜的颜色多样，可根据不同需求进行选择。

无论选择哪种阳台储物柜，需做到以下几点。

防水：防止阳台储物柜淋雨后被水侵入，导致物品浸泡受损。

防晒：阳台常常有强光照射，因此需要选择防晒性能好的阳台储物柜，这样可以有效保护储物柜中的物品不被阳光直接照射。

定期清理：阳台储物柜容易积累灰尘和污垢，应该定期清理，保持干净和整洁。

可移动性：对于阳台面积较小或经常需要使用的情况，需选择可移动的储物柜，并选购轮子耐磨、承重稳定、移动灵活的款式。

二、阳台储物柜的分类

阳台储物柜有多种类型，主要作用是储存物品、节省空间、防潮防晒和美化阳台等。家庭中常见的有：

1. 洗衣机收纳柜

洗衣机收纳柜是一种专门设计的收纳家具，主要用于存放洗衣机用品、储物篮、衣物等。由于收纳柜经常与水接触，选用的材料需要具有防水防潮性能。

2. 洗手台收纳柜

洗手台收纳柜是一种集储物、整理和收纳于一体的家具，通常备有多个收纳空间，方便用户分类整理各种洗涤用品和家居用品。

3. 阳台壁柜

阳台壁柜的设计受到阳台空间的限制，因此通常较窄且较高，以最大化利用垂直空间。阳台壁柜可以用来存放多种物品，如园艺工具、户外装饰品、折叠椅、垫子等，阳台壁柜通常具有多个储物格子、抽屉或隔板，是家庭中较强的收纳空间。

三、阳台常用物品分类

放在阳台上的物品可以按照植物类、家庭用品类、休闲娱乐类和宠物用品类等方面进行分类，以便更好地管理和利用阳台空间。

1. 植物类

阳台是一个很好的种植植物的地方，开放区域可以放置各种花草、盆栽等植物，增加阳台的绿色氛围。

2. 家庭用品类

阳台是一个储物的地方，可以放置各种家庭用品，如换季用品、清洁用品等，方便家庭生活。

3. 休闲娱乐类

阳台可以作为一个休闲娱乐的地方，放置各种休闲娱乐设施，如躺椅、座椅、秋千、小桌椅等。

4. 宠物用品类

如果家里有宠物，阳台也可以作为一个宠物活动的地方。可以放置各种宠物用品，如宠物窝、宠物玩具等，方便宠物活动和休息。

阳台储物柜还可以临时储存一些废旧品，包括可回收的生活垃圾，如布料、纸板、纸张等。

四、阳台常用工具的选择

阳台非常适合种植、休闲和储物的地方，可以使用许多不同的工具来增强其功能。

（1）花盆和种植工具：阳台上可以放置各种花盆和种植工具，如花盆、花土、肥料、浇水壶等，可以用来种植各种植物，如花卉、蔬菜等。

（2）椅子和桌子：喜欢在阳台上休闲活动的可以放置椅子和桌子，可以用来休息、读书、工作或者享受阳光。

（3）防晒伞和遮阳帘：可以放置防晒伞和遮阳帘，用来遮挡阳光，保护人体和植物不受阳光直射。

（4）储物柜和收纳盒：当物品比较多或凌乱时，选用储物柜和收纳盒，可以用来储存各种物品，如工具、杂物、玩具、运动器材等。

（5）清洁工具：清洁工具如扫帚、拖把、清洁剂等可以选择放在阳台隐蔽的地方，让阳台的可利用空间尽量变大。最好是挂入柜内或靠墙悬挂收纳。

五、阳台收纳工具承重的要求

阳台收纳工具的承重要求取决于你要存放的物品的重量和数量。若只是存放一些轻便的物品，如花盆、小型工具、鞋子等，那么轻型的收纳工具就可以满足需求。这些轻型收纳工具的承重一般在 10~20 千克，如收纳箱。如果要存放一些重型的物品，如大型花盆、石材等，那么你需要选择一些承重能力更强的收纳工具。

对于收纳在阳台储物柜内的物品体积比较大的，可以采折叠收纳。对于一些小件物品较为轻便的，如换季鞋子、袜子、手套等，可以采用储物箱进行储存，同样可以节约空间。

六、存放阳台物品的指导方法

1. 不宜存放阳台物品

食品：阳台容易受到阳光和雨水的影响，会影响口感。

电器：容易受到潮湿和日光的影响，存在安全隐患。

书籍：因为与户外接触较为紧密，无论如何进行防潮设计，都会影响书籍的保存。

2. 适合阳台储存的物品

室外装饰类：室外装饰品如花盆、花瓶、装饰画等可以单独分成一类，并细分不同的种类和款式，如圆形、正方形、长方形。

家居杂物类：这类物品包括日常生活用品、百货等，如雨伞、晾衣架、筐等。

家庭清洁类：包括家庭清洁用品，如扫把、拖把、抹布等。

废弃品：包括各种废弃品，如废纸类、旧电器类等。

运动户外类：包括各种户外运动器材，如自行车、溜冰鞋、滑板车等。

这些物品放在阳台分类清晰，经常使用的放在外侧，使用频率低的放在里侧，选用合适的收纳工具收纳，贴好标签。

七、易锈物品的存放要求

易锈物品的存放要求主要是保持干燥通风、避免受潮、避免接触酸碱物质、避免碰撞，可以使用防锈剂等，以保护易锈物品不受氧化、腐蚀。

（1）干燥通风：易锈物品应存放在干燥通风的地方，应远离潮湿的环境，如水源、潮湿的地面、水管等避免受潮产生氧化和腐蚀。

（2）避免接触酸碱物质：易锈物品应避免接触酸碱物质，如清洁剂等，以免发生化学反应导致生锈。

（3）避免碰撞：易锈物品应避免碰撞和摩擦，以免刮伤表面的保护层，导致生锈。

（4）使用防锈剂：在存放易锈物品时，可以使用防锈剂进行保护，以延长易锈物品的使用寿命。

八、易潮物品的存放要求

阳台上存放易潮物品需要避免阳光直射且保持通风，为了避免受潮可使用防潮剂、密封袋、防潮纸或是有密封效果的收纳工具。放置时选择合适的位置，应远离潮湿的环境，如水源、潮湿地面、下水道等，以免加速受潮。

九、储物柜物品放置的次序

阳台储物柜是一种常见的居家储物家具，可以方便地存放各种物品，在放置时按照轻、常、重，上中下的储放顺序来放。将常用的物品放置在易于拿取的位置，方便使用。在使用阳台储物柜时，需要注意以下放置要求：

1. 避免过重

阳台储物柜的承重能力有限，应避免将过重的物品放入柜子中，以免导致柜子变形或者破裂。

2. 避免受潮

阳台储物柜应远离潮湿的环境，如水源、潮湿的地面、水管等，常检查、常清洁是较为有效的方法。

3. 避免阳光直射

阳台储物柜应避免阳光直射，阳光会使柜子和储存的物品变形、褪色或者变质。

4. 定期清洁

阳台储物柜应定期清洁，保持柜子的干燥和卫生。

第九节　其他柜体整理与收纳

一、地台柜的概念

地台柜是一种嵌入式家具，通常安装在地台上，与地面齐平。它是一种多功能的收纳柜，可以用来存放各种物品，如鞋子、衣物、书籍、玩具等。地台柜的设计考虑空间利用率和功能性，根据不同的需求设计成各种形状，如L型、U型、直线型等。地台柜的优点是可以有效利用地面空间，增加收纳容量，还可以作为座位或者储物台使用。它适用于各种室内空间，如客厅、卧室、书房等。

地台柜

二、酒柜的概念

酒柜是专门用于存放葡萄酒、啤酒、烈酒等饮品的柜子。它可以是一种独立的家具，也可以是一个内嵌在厨房或酒吧柜台中的储藏空间。酒柜通常配有专用的储藏架、温度控制系统、除湿器等设施，以确保饮品在适宜的条件下存储。

酒柜为家居增加了装饰元素。根据不同的风格和材质，酒柜可以是现代、简约、欧式、古典等多种风格。酒柜可以放置在客厅、餐厅、储物室、地下室等地方，与房间的其他家具和装饰风格相匹配，以增加整个家庭的格调。

酒柜

酒柜的材质有很多种，根据材质的不同可以分为实木酒柜、玻璃酒柜、金属酒柜、大理石酒柜等。其中包括冰酒柜、普通酒柜、餐厅专用酒柜等，温度控制是酒柜中很重要的一项特殊功能，可以分为单温区酒柜、双温区酒柜和多温区酒柜。

三、梳妆台的概念

梳妆台是一种专门用于化妆和打扮的家具，通常由梳妆镜、脚凳和一些储物空间组成。梳妆台上可以放置化妆工具、首饰、护肤品、香水等，使日常护理变得更加有秩序、整洁。梳妆台应依据个人需求和喜好进行选购，现代梳妆台通常设计简约、美观，可选用多种材料。

另外，梳妆台也是重要装饰品，因有不同的设计风格，和整个居室的家具搭配可以营造出不同的氛围。例如，搭配欧式梳妆台会使空间更复古优雅，现代简约的梳妆台则使空间简单明快。

四、儿童收纳柜的概念

儿童收纳柜是一种专门为儿童设计的收纳柜，通常用于存放儿童的衣物、玩具、书籍等物品。儿童收纳柜的设计应考虑到儿童的身高、使用习惯和安全性。儿童收纳柜通常比成人柜低矮，方便儿童自己取放物品，也可以避免儿童攀爬柜子造成安全隐患。儿童收纳柜颜色鲜艳，图案可爱，通常采用圆角设计，避免儿童碰伤，柜门和抽屉也采用防夹手设计，保证儿童的安全；儿童收纳柜应具有多种功能，可以满足儿童不同的收纳需求。

五、首饰柜的概念

首饰柜的作用主要是存储和展示珠宝首饰。它通常有多个抽屉和隔板，可以容纳各种大小和类型的首饰，例如戒指、项链、耳环和手镯等。首饰柜多是木制的，表面涂有漆或油漆，以保护木材并增加美观度。首饰柜不仅提供了储存珠宝的功能，避免暴露在空气、光线、灰尘和湿气中，减少了珠宝的氧化和腐蚀，还可以作为家居装饰品的一部分，为家庭增添了一份精致和优雅。

六、地台柜内物品的分类

地台柜是一种多功能的收纳柜，地台柜内可以放置以下物品：

（1）季节性物品：如冬季衣物、夏季衣物、节日装饰品等。

（2）备用物品：如备用床单、备用毛巾、备用餐具等。

（3）存档文件：如家庭档案、个人资料、财务文件等。

（4）非常用工具：如钻头、锤子、稍大型工具等。

（5）其他类物品：可以放置儿童的玩具、游戏器具、电器、杂物等。

七、地台柜内物品的整理方法

地台柜可以用来收纳衣物、被褥、书籍、备用品、玩具和游戏器材等物品。在整理的过程中可以根据功能来分类，如床品，礼品，换季衣物等；地台柜因为箱体比较大，放置的物品较多，所以取拿不是很方便。

地台柜储物量大，可将柜子里的物品按照其使用频率进行分类。如将经常使用的物品放在易取得的位置，将不经常使用的物品放在不易取得的位置，并在地台柜的抽屉或柜门上贴上标签或标识，可以清晰地知道里面放置的物品。若空间比较大可选择不同的收纳工具将物品分隔，避免混乱。

八、酒分类方法及整理方法

酒是指含有酒精的饮料，通常包括啤酒、葡萄酒、白酒等。酒可以按照多种方式分类。

（1）按商业上的传统分类：可分为白酒、啤酒、葡萄酒、黄酒、果酒、药酒等，也是最常见的分类方法。

（2）按酿酒方法分类：根据酿酒方法不同，可分为蒸馏酒、发酵酒、配制酒三类。

（3）按酒精含量分类：可分为高度酒、中度酒、低度酒。

酒正确的保存方法能够保证品质和口感不变，并且延长保存期限。储存方法和工具的选择都要求。

红酒应该存放在水平位置，有利于酒液和空气之间的接触，使酒液的氧化更加均匀。白酒应该垂直放置，可以减少酒的接触面积，降低酒的氧化速度。无论什么酒都应该避免与异味物品接触，如香水、清洁剂等。定期检查瓶塞是否松动或变形，若松动或变形，应该及时更换。

九、儿童玩具分类及整理方法

儿童玩具的分类只是为了方便选择和管理。儿童的兴趣和爱好是多样化的，应该根据儿童的实际情况和需求选择适合的玩具。同时应该注意儿童玩具的安全性和质量，避免对儿童造成伤害。

（1）根据儿童玩具材质分类：有木制玩具、塑料玩具、纺织品玩具等。

（2）根据儿童玩具功能分类：有益智玩具、运动玩具等。

（3）根据儿童年龄段分类：有幼儿玩具、学龄前儿童玩具、小学生玩具等。

儿童玩具整理方法有如下几种：

1. 分类整理

将不同类型的玩具分成不同的类别，例如积木、益智玩具、玩偶等，可使用不同的容器或盒子来存放每个类别的玩具，以便孩子更容易找到和放回。

2. 标签标识

为每个收纳容器或盒子贴上标签，清楚地标明里面存放的玩具类型，有助于孩子辨认玩具。

3. 定期清理

定期检查玩具，清理或修复损坏的玩具，并将孩子不再使用或不喜欢的玩具放到捐赠或回收箱中。

4. 教育引导

引导孩子养成整理玩具的好习惯，和孩子一起制定整理玩具的规则，例如每天玩具时间结束后要整理归位，表现好给予大红花等作为激励记录。

5. 换季储存

根据季节变化，将一些季节性的玩具暂时储存起来，如节日玩具等，以减少空间占用。

十、化妆品的分类及整理方法

化妆品是一种用于美容和保养皮肤的产品，包括化妆品、护肤品、香水、美发产品等。化妆品可以改善皮肤的外观和质感，使皮肤更加光滑、柔软、有弹性和光泽。化妆品的种类繁多，根据不同的用途和功效，可以分为以下几类：

（1）护肤品类：包括爽肤水、面霜、眼霜、面膜等，用于清洁、滋润、保湿、抗衰老等。

（2）彩妆类：包括口红、眼影、粉底、腮红、睫毛膏等，用于修饰面部轮廓、遮盖瑕疵、增强肤色等。

（3）美发类：包括洗发水、护发素、发膜、染发剂等，用于清洁、滋养、染色等。

（4）香芬类：用于增强气味、调节情绪等。

化妆品的使用需要注意选择适合自己的产品，在整理时需要注意保质期，可以按照以下的方法进行整理。

分类整理：按照分类方法，将不同种类的化妆品分别整理归类。

摆放位置：将常用的化妆品放在易取的地方，如化妆包、化妆台或浴室等地方，不常用的化妆品可以放在收纳盒或柜子里。梳妆台的桌面放置常用化妆品、护肤品、香水、妆具等物品。

根据化妆品的特点，选择合适的存储方式，如防晒霜需要避光存放，眼霜需要放在阴凉处等。梳妆台有一个或多个抽屉储藏空间，可以用于储存化妆品、首饰等小物品。有些梳妆台的抽屉还可以设置分仓储存物品，更加整洁。

化妆品需要放置在干燥、阴凉的地方，避免阳光直射和潮湿的环境，以免影响化妆品的质量和使用效果。定期检查化妆品的保质期，过期的化妆品需要及时清理。

十一、首饰的分类及整理方法

首饰的分类和整理可以根据不同的材质、用途和款式进行。以下是几种常见的首饰分类和整理方法。

1. 首饰分类

（1）按材质分类：根据首饰的材质进行分类，例如金属类、宝石类、珍珠类、塑料类等。可以将同一材质的首饰放在一起，方便查找和取用。

（2）按用途分类：根据首饰的用途进行分类，例如日常佩戴、特殊场合佩戴、收藏等。可以将同一用途的首饰放在一起，用专用的收纳工具收纳，方便管理和维护。

（3）按佩戴部位分类：可分为头部首饰、颈部首饰、手腕首饰等。可以将同一部位的首饰放在一起，方便查找和取用。

2. 整理方法

可以使用首饰盒、首饰架、首饰挂钩等收纳工具进行整理。首饰盒可以将首饰分类放置，避免混乱和损坏；首饰架可以将项链、手链等悬挂起来，方便取用；首饰挂钩可以将耳环、戒指等挂在上面。选择合适的收纳工具放置，做到方便管理。

3. 注意事项

在整理首饰时，需要避免不同材质的首饰混放，避免摩擦和氧化；同时需要避免阳光直射和潮湿环境，以免影响首饰的质量和寿命。

十二、储藏室内物品整理方法

储藏室内物品分类与整理可以帮助我们更好地管理和使用物品，避免浪费和混乱，节省空间和时间。

1. 分类整理

将物品按照不同的类别进行整理，例如按照用途、材质、大小等分类，对于一些小件物品，可以使用标签或者贴纸进行标记，以便于快速找到需要的物品。也可以按照如纺织品、厨房用品、文具、家居装饰等分类整理。

2. 使用收纳工具

使用储物柜和货架可以方便将物品分类整理，可以节省空间。将小件物品分类整理，可以使用抽屉等工具，避免物品散乱。

3. 留出通道

整理储藏室时需要留出通道，通道宽一般为 60 厘米左右，方便进出和取拿物品。

4. 清理不需要的物品

为了方便找到所需要的物品，可以在储藏箱或盒子上标注物品名称或类别，也可以使用透明收纳盒进行储放，帮助我们识别物品，及时清理不需要的物品。

十三、地台柜内物品收纳方法及注意事项

地台柜是一种常见的家居收纳用具，通常用于放置一些不常用的物品，如季节性衣物、鞋子、行李箱等。使用透明的收纳盒可以将物品整齐地放置在柜内，并且方便查找和取用。根据需要选择不同尺寸的收纳盒，以最大限度地利用空间。对于一些小件物品，可以使用收纳盒进行分类收纳，以便于查找和使用。

地台柜通常处于地面上，容易受到潮湿和灰尘的影响，可以选择密封性较好的收纳盒，同时可以在收纳盒或抽屉上使用标签或者标识物品的位置，以便快速找到所需物品。地台柜的承重能力有限，注意不要将过重的物品放置在柜内，避免损坏柜子或造成安全隐患。

十四、使用收纳工具储放物品的方法及注意事项

使用收纳工具储存、收藏物品可以更好地保护储存物品，通过使用工具和合理的储放方法，可以提高物品的使用寿命，对于易碎或者有特殊要求的物品，可以使用专用的保护材料或包装。不要将过重的物品放置在收纳工具中，以免损坏工具或造成安全隐患。容易受潮的物品，可以使用密封袋、防潮剂等来保护。选择储物收纳工具时要考虑物品类型、尺寸、质量、耐用性、空间利用、堆叠性、防潮和防尘性能、安全性、美观性等因素。

收纳工具的作用是将物品按照类别进行分类，如将衣服按照季节和材质进行分类；将书籍按照主题进行分类等。不管储放什么物品都需注意重量，如书籍；还要注意收纳工具的通风性能，对于一些容易发霉的物品，如皮具、纺织品等，可以选择通风性好的收纳工具进行储存，以保证物品的干燥。

对于一些易碎、易损坏的物品，需要选择具有缓冲性能的收纳工具，如泡沫箱、气泡膜或报纸等进行保护，也尽量放置在下层为宜。定期检查储藏工具的状况，如发现收纳工具破损或者使用时间过长，要及时更换。

十五、储藏柜内物品收纳方法及注意事项

储藏柜的主要功能是提供有组织的储存空间，使物品易于找到和储放，储藏柜通常具有不同大小和形状的储物空间，以适应各种物品的存放需求。储藏柜的外观和风格可以与家居装饰相协调，提供美丽的外观，并成为室内的装饰元素之一。

1. 分类整理物品

根据物品种类和用途进行分类整理，将同一种类的物品放在一起，有助于找到所需物品。

2. 利用储藏柜的空间

在储藏柜内充分利用空间，如使用壁式置物架等增加储物空间。

3. 定期整理物品

定期检查储藏柜内物品，及时清理杂物，保持储藏柜内整洁。对于经常使用的物品，放在易于拿取的位置；对于不经常使用的物品，可以放在高处或不易拿取的地方，节省空间。

4. 遵循安全原则

对于储藏柜内存放的化学品、药品等物品，要注意防火、放在儿童触碰不到的地方，并做好危险品标识。

十六、置物架物品收纳方法及注意事项

置物架是一种用于摆放和展示物品的家具。它通常由坚固的材料制成，如木材、金属等，由表面和支撑结构组成。置物架的主要功能是提供储存和展示空间，使物品易于摆放和取拿。置物架通常具有多个水平层面，以便摆放不同大小和形状的物品，以下是一些置物架物品收纳方法和注意事项：

1. 按照大小放置

将置物架上的物品按照大小进行放置，将大型物品放在下层，小型物品放在上层，避免不稳定造成倒塌。同时把物品按照类别进行分类，如将书籍放在一起，以便于查找和使用。

2. 注意承重

置物架有一定的承重限制，需要注意放置物品的重量，以免超过承重限制造成倒塌和损坏。置物架需要稳固地放置在地面上，避免安全隐患。

3. 定期清理

定期清理置物架上的物品，清除灰尘和杂物，保持整洁和卫生。

十七、梳妆台化妆品的收纳方法

梳妆台是一种专门用于化妆和收纳的家具。它通常由光滑的台面、镜子和储物空间组成。梳妆台配备了抽屉、柜子或其他储物空间，以方便储存化妆品、首饰和其他个人物品。台面上通常还会有一些小型的储物盒或抽屉，用于存放化妆刷具、口红、眼影等。以下是一些梳妆台收纳的思路：

1. 分类存放

将不同种类的化妆品、饰品和护肤品进行分类，可以根据需要分为日常用品、季节性用品、特殊场合用品等。在提高生活效率和便利的同时，也使物品易于管理和清洁。

2. 利用抽屉空间

梳妆台有一个或多个抽屉储藏空间，可以用于储存化妆品、首饰等小物品。有些梳妆台的抽屉还可以设置分格，更易于储存物品。

3. 使用化妆品盒和陈列架

挑选适当的化妆品盒或陈列架，增加梳妆台可用空间。这种收纳方式可以保持物品的整洁，也可以根据需要更改布局。将一些“瓶瓶罐罐”物品放在化妆品盒里、陈列架上。无论是哪种方式，保持整洁和有一个良好的收纳习惯是很重要的。

十八、首饰收纳方法及注意事项

首饰散放在梳妆台上或其他地方时，容易被其他物品覆盖或压坏。通过对首饰进行收纳，能够保护首饰，给首饰有个相对固定的位置，减少了丢失和损坏的可能性。

1. 首饰收纳

（1）首饰盒：可以使用专门的首饰盒来收纳首饰，这些盒子通常配有各种大小的分格位，放置各种首饰，包括戒指、耳环、项链等。

（2）首饰架：可以使用首饰架来收纳项链和手链等首饰，这些架子可以放置在梳妆台上，方便取用首饰。

（3）分隔盒：可以在普通的盒子里利用分隔器来收纳首饰，按照首饰的种类或大小来分类，方便取用。

（4）挂钩：可以使用挂钩来收纳耳环和项链等首饰，将挂钩挂在墙上或者衣柜内侧。

不同材质的首饰需要不同的收纳方法，例如珠宝需要避免受到高温和阳光的照射，金属饰品需要避免与化学品接触等。在收纳首饰时需要注意选择合适的工具。

2. 首饰收纳注意事项

（1）分类存放：将首饰按照种类分类存放，例如手链、项链、耳环等，方便找到需要的首饰，同时也可以避免搭配时混淆。不同材质的首饰相互摩擦产生划痕或者氧化，因此需要避免将金属首饰和宝石首饰等混放在一起。

（2）防潮防尘：在收纳首饰时，注意防潮和防尘，可以将首饰放置在封闭的盒子或收纳袋中，并且定期更换防潮剂。定期清洁首饰，延长首饰的使用寿命。不同材质的首饰需要采用不同的清洁方法，例如金属首饰可以用温和的肥皂水清洗，宝石首饰需要用专业的清洁剂。

（3）保持整洁：收纳首饰时，需要保持整洁。如果是饰品数量较多，建议采取多种收纳方式。

十九、儿童玩具的收纳方法及注意事项

儿童玩具不仅可以带给孩子们乐趣和感观刺激，还能促进他们的身体和智力发展。儿童玩具种类繁多，包括积木、拼图、玩偶、车辆、益智玩具等。

1. 收纳方法

（1）储物盒收纳：可以使用储物盒将玩具分类整理收纳，选择透明或带有标签的储物盒更方便。

（2）收纳袋收纳：对于较大的玩具，可以使用收纳袋，也可以选择带有拉链或绑带的收纳袋，以便更好地保护玩具。

（3）挂架收纳：对于一些可以挂起来的玩具，可以使用挂架来挂放，这样既方便收纳，又能保持玩具的整洁。

（4）定期清理：每隔一段时间，将玩具取出来清洁消毒，以保证卫生和安全。

（5）制作玩具标签：为不同的玩具制作标签，可以帮助孩子更好地分类和整理玩具。

2. 注意事项

（1）安全性：选择适合儿童年龄段的玩具，并确保玩具没有小零件或锐利的边角，避免儿童受伤。

（2）趣味性：玩具分类后，根据儿童的喜好和兴趣将玩具分别放置，以方便儿童使用。

（3）教育意义：可以将一些有教育意义的玩具单独分类和放置，以便父母在适当的时候与孩子一起玩耍，增进亲子关系。

二十、酒水的收纳方法及注意事项

1. 红葡萄酒

红葡萄酒保存的温度为 13~18℃，过高或过低的温度都会影响酒的品质。红葡萄酒应该存放在水平位置，这有利于酒液和空气之间的接触，使酒液的氧化更加均匀。红葡萄酒应该避免震动和振动，避免阳光直射。

2. 白葡萄酒

白葡萄酒保存的合适温度为 8~12℃，过高或过低的温度都会影响酒的品质。白葡萄酒应该垂直放置，可以减少酒的接触面积，降低酒的氧化速度。白葡萄酒应该避免震动和振动，避免阳光直射。

3. 啤酒

啤酒保存的合适温度为 0~10℃，过高或过低的温度都会影响酒的品质。啤酒应该存放在阴凉干燥的地方，避免阳光直射。啤酒应该避免震动和振动，避免与异味物品接触。

4. 白酒

白酒保存的合适温度为 15~18℃，过高或过低的温度都会影响酒的品质。白酒应该存放在阴凉干燥的地方，避免阳光直射，应该定期检查瓶塞是否松动或变形，避免白酒变味。

第五章　物品取舍处理

第一节　物品取舍

物品取舍是指在面对有限的资源和空间时，做出选择并决定保留、放弃或丢弃物品的过程。它涉及评估物品的价值、需求和重要性，并根据个人或家庭的需求和条件做出决策。物品取舍的过程是帮助我们更好地管理的物品，减少杂乱和浪费。

一、物品取舍的概念

物品取舍是指在整理物品的过程中，通过对每个物品进行筛选、评估、决定是否保留或舍弃的过程。这个过程不仅可以帮助我们更好地整理和管理物品，也让我们能更好地管理自己的生活和情感，减少负担，提高生活质量。其核心思想就是物品取舍和物品价值的分析和思考。物品取舍的过程需要我们仔细思考每个物品的实用性、情感价值、美学价值等，然后根据不同的情况，做出保留或舍弃的决定。整理收纳师在对客户服务时需要冷静客观、理性分析，同时也可以借助他人的建议和专业知识，以做出更好的决定。

二、物品取舍的原则

物品取舍的原则可以帮助我们更好地取舍物品，以达到节省空间、减少浪费等目的。在生活中，我们经常需要做出物品取舍的决定，物品取舍的原则有：

1. 实用性原则

保留实用性很高、使用频率较频繁的物品，舍弃使用频率低、实用性不强的物品。例如，经常使用的厨具、日常生活必需品可保留，而用的很少、性能不佳的物品可以考虑丢弃。

2. 情感价值原则

当物品具有无法替代的情感价值时，应予以保留。例如，纪念个人重要时刻的小物品、家族传承文物等，这些物品已经成为家庭历史的一部分，不能随意舍弃。

3. 美学价值原则

对于装饰物、工艺品等具有艺术价值和审美价值的物品，可以考虑保留。过时或不符合现有装修风格的物品，或者不能呈现品味的摆件进行舍弃也是有必要的。

4. 增值潜力原则

有特定价值的物品还是要保留的，尤其是一些古董、文物等有收藏潜力的物品，保留其潜力很有意义。

三、物品取舍的作用

物品取舍是判断物品是否值得保留和如何处理舍弃物品的心理过程。在这个过程中，我们需要综合考虑多个因素，并根据实际情况做出有理有据的决策。不轻易把物品当成垃圾或废品进行丢弃，科学地进行物品取舍对我们生活有很大的积极作用。

1. 释放空间

随着时间的推移和生活方式的改变，我们的物品总量逐渐增加，使得空间变得狭小。通过舍弃不必要的物品，释放出空间，让生活更加舒适、自由。

2. 理性消费

随着经济的发展，人们的生活标准不断提高，购买力也越来越强，追求新、大、好的物品，增加了消费的金额。通过物品取舍，我们能更好地利用现有物品，减少不必要的消费，节约开支并节能环保。

3. 提高生活品质

不必要的物品会使人感到紧张、焦虑和无助，让人感到身心疲惫和生活不易。物品取舍可以使我们的家庭和生活有组织地替换，生活更加有秩序，有规律，有条理，即所谓“物有所值、生活有序”。

4. 减少压力

积累过多的物品会让人感到压力增大，物品取舍可以减少人们的精神压力，让我们的思想和感情更加清朗、平静，为生活中的学习和工作创造更多时间，塑造良好的生活习惯。

加：指物品数量计数，品类相似，利用率不同。

减：指购物列清单，按照计划进行。

乘：指物品的价值，关键是使用价值。

除：指使用频率，高频繁使用是最好的价值。

四、物品取舍的方法

物品取舍是指在面对拥有过多物品或空间有限的情况下选择哪些物品保留，哪些物品放弃或处理的过程。对于物品价值的取舍，可以从它的实用性、价格、占用空间、情感价值等因素来决定。

（1）实际需求：仔细思考每件物品对你的实际需求，决定是否保留。要避免过多的冗余物品占用生活空间，尽可能地减少不必要的物品。

（2）使用频率：对于长时间没有用到的物品，可以考虑舍弃，这样能够减轻生活的负担。而对于经常使用的物品，优先保留。

（3）物品价值：物品的价值包括实用价值和情感价值。如果物品没有实用价值或者情感价值，考虑舍弃；如果物品有实用价值或者情感价值，可以考虑如何合理利用和储存。

（4）占用空间大小：考虑物品占用的空间，如果物品占用的空间过大，可以考虑丢弃或者捐赠，以节省空间。如果物品占用的空间较小，可以考虑保留。

1. 舍弃方法

（1）清理垃圾：①清理已经过期的食品。②清理不能再发挥作用的木制品、纸制品、塑料橡胶制品、纺织品、皮革等。③清理存在安全隐患的物品，如废旧电池等。④清理多余物品，多余物品泛指有了更好的替代品或同类产品已超过既定的数量。

（2）清理让你不舒服的物品：①有明显破损，无法修复的。②触摸上去体感不舒服，如涩手、起球或静电等。③物品产生异味。④使用时感觉不舒服、不顺手的工具。

（3）模棱两可的物品先待定：针对难判断的物品可以先放入待定筐，给一个期限，是七天还是半个月，在既定的时间里进行处理。

（4）对于清理出来赠送的物品：自己不需要的物品赠予他人，是发挥物品价值的好方法。赠送物品不是赠送垃圾，而是选择适合赠送的物品，然后整理好即可送出去，让物品发挥作用。

2. 取舍判断的方法

当面临物品取舍决策时，以下是一些常用的判断方法。

（1）列出优缺点：将物品的优点和缺点都列出来，然后权衡物品对生活、目标和价值观的影响。

（2）目标对齐：确定长期的生活目标和价值观，考虑物品对生活目标和价值的贡献程度，选择与目标更为一致的选项。

（3）倾听内心声音：静下心来，倾听内心的声音。有时候直觉会给出正确的指引，不要忽视直觉和内心感受。

（4）寻求他人意见：向身边的亲朋好友、专家寻求意见。他们可能能够提供不同的观点和经验，帮助更好地做出决策。

以衣服取舍为例子：

（1）认识面料：服装是由款式、色彩和材料三要素组成的。其中材料是最基本的要素。服装材料是指构成服装的一切材料，它可分为服装面料和服装辅料。常用服装面料有棉型织物、麻型织物、丝型织物、毛型织物、纯化纤织物等。

①棉型织物：其透气性好，吸湿性好，穿着舒适，是实用性强的大众化面料。普通长绒棉，多次洗涤后会变硬。

②麻型织物：其质地坚硬韧、粗犷硬挺、凉爽舒适、吸湿性好，是理想的夏季服装面料。但不抗皱、易褪色、易缩水。

③丝型织物：是纺织品中的高档品种。它具有薄轻、柔软、滑爽、高雅、华丽、舒适的优点，普通真丝易缩水、不耐酸、拒晒、易生虫。

④毛型织物：是以羊毛、兔毛、骆驼毛、毛型化纤为主要原料制成的织品，有弹性好、抗皱、挺括、耐穿耐磨、保暖性强。

⑤纯化纤织物：其牢度大、弹性好、挺括、耐磨耐洗、易粘身。

还有如莫代尔、天丝、冰丝和竹纤维等材质的衣物，各有优缺点，如莫代尔易起球，发皱；天丝在湿热环境变硬；而冰丝则易脱丝、变硬；竹纤维透气易拉坏。

（2）面料等级的辨认：

①低级面料：普通化纤；

②普通面料：常规棉、麻；

③中级面料：莱卡、天丝等中级化纤面料、天然及混纺柞蚕丝、长绒棉、普

通皮质等；

④高级面料：羊毛、桑蚕丝、小牛皮、小羊皮等；

⑤顶级面料：羊绒（驼绒）、桑蚕丝织物、珍贵皮质、貂皮等。

（3）放弃与礼仪冲突的着装：

穿衣也是一种礼节，要考虑会给他人带来什么样的感受，不同场合有不同的着装与装扮，搭配要得体。衣着过于暴露，随意，不雅是对自己和他人不够尊重，是心理认同和心理归属的需要。衣着体现自身文化的内涵，穿着整齐大方，干净利落，讲究卫生，既有利于身心健康，又能树立良好的个人形象。放弃过分鲜艳、设计或装饰过分杂乱、过分短小、过分透视、过分暴露、过分紧身的衣服。

（4）穿衣与搭配：

①掌握主色、辅助色、点缀色的用法。主色是指全身色彩面积最多的颜色，占全身面积的60%以上。通常是套装、风衣、大衣、裤子、裙子等。辅助色是与主色搭配的颜色，占全身面积的40%左右。他们通常是单件的上衣、外套、衬衫、背心等。点缀色一般只占全身面积的5%~15%。通常是丝巾、鞋、包、饰品等。

②自然色系搭配法。暖色系除了黄色、橙色、橘红色以外，所有以黄色为底色的颜色都是暖色系。暖色系适合与驼色、棕色、咖啡色搭配。冷色系以蓝色为底的七彩色都是冷色。与冷色基调搭配和谐的，最好选用黑、灰、彩色，避免与驼色、咖啡色系搭配。

（5）衣服犹豫不决的审视方法：

望：用眼睛或在日光灯下看是否被虫蛀、损坏是否能修复，也可以选择试装，看适合程度。

闻：衣服久放会因为细菌或环境等因素出现异味，若有不好闻的味道可以选择丢弃。

问：这件衣服是否还需要，是否喜欢，可以问问自己。

触：对于想留存纪念的衣服也需要设定上限，不可无数量限制。

3. 物品取舍的意义

物品取舍的意义并不是在单纯地整理物品，更多是审视物品需要的程度，然后根据它们的属性进行分类和建立储放规则，对不适合不需要的物品进行清理和舍弃。

（1）衣物舍弃的意义：衣物是我们日常生活不可或缺的物品，但很容易积累成大量无用的衣物，反而找不到了自己的风格。按照舒适、得体、个性等方法找到适合自己的风格才是舍弃真正的目的。

（2）厨房用品类品舍弃的意义：尽量保留常使用的厨房用具，将食品和饮用物品分门别类收纳，过期或无法保质的食品可以丢掉。不使用的厨房用品可以考虑捐赠或出售。

（3）家庭美化类物品舍弃的意义：将家庭装饰材料和用品按照用途、颜色进行分类，选择保留对家庭生活有实用意义、有艺术价值的装饰品。

（4）儿童玩具类物品舍弃的意义：将儿童玩具按照年龄段和种类进行分类，考虑到儿童的安全和需求，尽可能保留到使用期限，但如发现玩具存在质量问题、过期或损毁时要及时舍弃。

（5）家庭学习用品类物品舍弃的意义：整理家庭办公或学习用品，根据使用频率和工作学习需求选择保留或丢掉。过期的家庭资料、文件、无用的记录和物品可以舍弃。

五、留下物品的整理

保留下来的物品就是属于在生活中使用频率高或是在某些特定事情用的物品，这类物品也需要进行分类整理、归纳、选择储存方式、标记标签和定期整理等步骤，以下是一些保留物品的整理方法：

1. 分类整理

将物品按照不同的类别进行分类整理，可以使用标签或盒子来标记和存放。例如衣物、书籍、文具、电器等。

2. 数字整理

随着数字化时代的到来，我们的生活中越来越多的信息和资料以数字形式存在，例如照片、文件、音乐、视频等。可以使用电脑或云存储进行整理和备份，以便于查找和管理。

3. 分级收纳

留下来的物品，通过评估物品的重要性和优先级，将它们按照重要性的高低进行整理收纳。生活中必不可少的生活用品应该放置在易于获取的位置。

六、舍弃物品的整理

垃圾分类是一项重要的环保工作，需要广大市民的积极参与和支持。通过正确的垃圾分类和投放，可以减少垃圾对环境的污染，促进资源的循环利用，实现可持续发展。

舍弃的物品如何垃圾分类，可以根据物品的性质和材质进行分类。一般来说，舍弃的物品可以分为以下几类：

1. 可回收物品

如废纸、废塑料、废玻璃、废金属等，这些物品可以投放到指定的可回收物桶或回收站。对于一些大件垃圾，例如旧家具、废电器等，可以联系负责垃圾回收的居委会或相关部门，进行专门的处理。

2. 有害垃圾

如废电池、废灯管、废药品等，这些物品应该投放到指定的有害垃圾桶或回收站，以免对环境和人体造成危害。

3. 厨余垃圾

如食品残渣、果皮、菜叶等，这些物品应该投放到指定的厨余垃圾桶或回收站，进行生活垃圾的处理。

七、日常用品取舍的方法

物品取舍之后，还需要对舍弃的物品进行处理，以下是一些处理建议。

捐赠或出售：对于一些能够继续使用的物品，可以考虑捐赠或出售。比如旧书、旧衣物、旧家具等，可以寻找相关的机构或二手拍卖平台进行处理。

回收利用：一些可以回收的物品，比如废纸、废塑料、废金属等可以分门别类进行回收处理。

垃圾处理：一些已经不能使用的物品，比如过期的食品、损坏的玩具等，需要直接丢进垃圾桶进行处理，尽量选择可回收垃圾桶。

在处理物品时，需要考虑有关法规，有环保意识，以便更加环保、合法、有序处理物品。

八、日常中养成取舍习惯的方法

学会物品取舍是一个整理收纳、提高生活质量的好习惯。养成物品取舍的习惯不是一朝一夕，要定期检查物品，适当整理，掌握生活中不需要、不常用的物品，及时清理。

1. 制定计划

在整理物品之前，制定一个整理计划，明确要整理哪些物品，以及整理之后的处理方式。按照计划进行，无形之间形成了意识，有助于我们养成取舍的习惯。

2. 分类整理

将物品按照种类进行分类整理，分门别类地收纳保存，这有助于我们更好地找到物品、管理物品，减少物品增量的可能。不要将物品乱堆乱放，防止物品遗失，适当利用收纳托盘、箱子之类的储物设施。

3. 逐个取舍

在整理物品时，逐个对物品进行取舍。根据物品的实用性、情感和美学价值进行判断,选择保留或舍弃。坚持取舍原则,默念物品的用途和其存在的实际价值。

九、日常取舍物品的注意事项

1. 切勿过于追求完美

追求完美会让自己收集更多的无用物品，占据更多的生活空间。那些对自己生活没有实用价值的物品，不要留下来，以免占用更多的空间。

2. 避免陷入“收集癖”

长时间收集同类型的物品可能会变成一种癖好，也会增加生活成本。有必要定期检查这些收藏品，避免成为生活和家庭的负担。

3. 不要留下占用空间的“备用物品”

人们常常以保险起见留下一些“备用物品”，这些物品占用大量宝贵的空间，也不会用到。因此，在做物品取舍时，不要留下这些“备用物品”，只需要保留一些实际使用的物品即可。

4. 保持客观的态度

人们容易对某些物品产生情感依赖，导致无法做出对物品取舍的决定。因此，在物品取舍时，需要保持客观的心态，按照实际需求和价值判断，而不是完全按照对物品的情感依赖来决定。

第二节　整理后物品处理

一、整理后物品处理常识

处理物品可以帮助我们更好地管理物品，避免浪费和混乱。通过出售、捐赠、回收、丢弃和抛弃等方法，可以实现物品的有序管理和有效利用。

出售：对于一些仍然有使用价值或能够被重新利用的物品，可以通过平台或闲置物品转让网站进行售卖，从而获得一些经济收益。

捐赠：对于那些有使用价值的物品，可以考虑转捐给慈善机构或其他需要的人，为社会做贡献。遵循环保、节约的原则，善加利用资源，为他人带来帮助。

回收：一些废旧物品例如电子设备、废纸、废品、金属等可以被回收的。要找合适的回收站进行处理。

抛弃：对于没有其他处理方式的垃圾或不可回收的废品，可以通过当地垃圾处理设施或专业处理机构进行处理。

二、整理后衣物的处理方法

社区旧衣回收箱：现在很多社区都设有这种公益性质的旧衣物回收箱，不要的衣物直接打包投进箱子里，定期有专门的社区工作人员来收取，奉献爱心也是一件有意义的事。

手工 DIY：如将衣物上的纽扣积攒下来，可以做一幅纽扣手工画，还可以做手工玩偶的眼睛；旧衣物洗干净给孩子做玩偶、做沙包。无论是被废弃的衣物或是旧衣服，都可以重新发挥其功效。

爱心捐赠：如果有些衣物穿着性能良好，可以捐到慈善机构、受灾地区的救灾机构。

二手转卖：有些衣物外观和品质良好，并且适合出售，可以考虑将它们放在二手市场或交易平台上出售。

三、整理后家用电器的处理方法

闲置家用电器的处理方法可以根据不同的情况和物品进行选择，通过捐赠、卖出、回收、修复和丢弃等方法，可以实现家用电器的有序处理和有效利用。

1. 以旧换新省花销

如果需处理的家电是知名品牌的，可在购置新产品时，以旧换新。以旧换新的政策可以咨询官网客服，这样既妥善处理了家电，也为购置新家电省了一笔费用。

2. 回收处置发挥价值

可以将不需要的家电出售给专业的回收公司，让废旧电器得到二次利用，节约资源又环保。一些已经损坏的家用电器，不能进行回收利用，最好选择适当的处理方式，可以直接送到定点的垃圾处理中心。

3. 爱心捐赠有温度

如果电器设备仍然有使用功能和价值，可以考虑将家用电器送到有需要的机构，如学校图书馆、残疾人机构等，实现爱心捐赠。

四、整理后鞋类的处理方法

1. 分类处理

如果鞋子已经遭到严重损坏，可以选择废弃或者交付给专业回收单位进行处理。

2. 捐赠

鞋子在外观和品质方面依然良好、干净，并且穿着舒适，可以选择捐到慈善机构，帮助需要的人。

3. 转卖

将不需要的鞋子放在二手市场或在线销售平台上出售。可以创造一定的价值。

五、整理后包类的处理方法

1. 出售

如果包包在外观和品质方面依然良好，并且有使用价值，可以考虑将它们放在二手商店、二手市场、在线拍卖网站或在线转售平台上出售。

2. 捐赠

如果包包外观和品质还不错，但已经不适合自己的需要了，可以考虑将它们捐赠给慈善组织或其他有需要的人。

3. 再利用

包包里的一些有用物品，可以重新组合或制成不同的物品。例如，可以将旧包的拉链、扣子和其他收纳工具用在手工艺或其他 DIY 项目中。

4. 垃圾处理

对于已磨损或不能再使用的包包，可以分别送到当地垃圾处理点或其他环保处理场所处理。

六、整理后食品的处理方法

整理后的食品处理方法应根据不同的情况进行选择。对于过期、变质或者受污染的食品，应当及时处理，避免对人体健康造成影响。同时，应当注意食品的安全和卫生，避免食品中毒等问题的发生。

1. 过期食品

需要分类放回垃圾回收站进行处理，即便再好吃也不要吃过期食物。

2. 共同分享

如果食品仍然可以食用和分享，可以将它们分享给朋友、家人或慈善组织，善加利用。

3. 爱心赠予

将不需要的食品赠送给有需要的人，例如，捐赠给当地的救济所、慈善机构或者帮助有需要的人。

4. 储存利用

保存有用食品，考虑添加到烹饪的菜肴中，为食品再次创造价值。

5. 丢弃

对于不需要的食品，我们应该考虑如何避免浪费，防止污染环境和传染疾病，应该遵循环保和减少浪费的原则对食品进行妥善地处理。

七、整理后药品类的处理方法

过期药品不能随意丢弃，应当选择合适的处理方式进行处理。同时，应当注意保护个人信息和药品的安全，选择可靠的处理方式。在处理过期药品时，应当遵循相关法律法规，避免发生违法行为。

1. 回收循环

药品不适合随意处理，可以通过回收、循环利用等方法处置。可以将药品交给专业的回收公司或前往定点的回收站点处理。

2. 无害化处理

有少数药品是不能被回收的，包括各种药品的纸质、氧化铝包装封套、胶囊、卸壳等塑料膜包装也要环保处理。对于不需要的药品，如果不确定如何处理，可以咨询医生或相关药房的工作人员。

八、整理后书籍的处理方法

书籍是有价值的物品，应当合理利用和保护。在利用书籍时，应当注意保护书籍的安全和完整性，避免书籍受到损坏和丢失。

1. 捐赠

如果书籍在外观和品质方面完好，可以考虑将它们捐赠到当地的图书馆、学校、慈善机构等需要书籍的地方，让更多人能够受益。

2. 转卖

如果书籍还具有一定价值，可以考虑将它们上架到二手书店、在线二手平台上转售。

3. 交换

可以与朋友、家人、同事等交换书籍，让大家能够互相分享阅读体验，减少浪费。

4. 再利用

可以利用书籍中的纸张、书脊等材料进行创意手工、DIY 制作等，让书籍再次得到利用。

九、整理后玩具的处理方法

选择合适的方式处理不需要的玩具，处理时要考虑安全和环保等问题。

1. 赠送或转卖

如果要处理的玩具在品质和安全方面都没有问题，并且仍能够玩耍，可以选择赠送给朋友、慈善机构，或从事放在二手玩具销售的在线平台上转卖等。

2. 回收利用

一些玩具不适合赠送或转卖，但它们的材料可以二次利用，例如金属、塑料、橡胶等。可以将玩具交给专业的回收公司或交给废旧物资回收站点处理。

3. 垃圾处理

对于陈旧损坏或污损过的玩具，直接送往当地垃圾站或其他环保设施中心进行处理，更好地保护环境。

十、整理后居室空间的清理方法及注意事项

整理后，顺便要对居室空间进行简单的清洁。清洁后，应该通风排气，让居住者更加健康舒适。

1. 地板清洁

从上到下，先清理天花板灰尘，然后清洁墙壁、门窗上的污渍，最后清理地面上的杂物。根据地板材料选用适当的清洁剂和工具，把地面刷干净。注意经常更换清洁工具，避免灰尘污染。

2. 家具清洁

清洁家具时可以先用软毛刷清理灰尘和污渍，选择适当的清洁剂和工具清洁、保养家具的表层。对于硬表面的家具，可以使用玻璃清洁剂；对于木制家具，可以使用木制清洁剂清洁保养。

3. 床上用品和窗帘清洁

清洗和替换床上用品，清洗床单、枕套、被套等，同时清洁或更换窗帘，以保持房间清洁和卫生。

第六章　收纳维持

第一节　培养整理物品的习惯

一、培养客户养成随手整理的习惯

随手整理的习惯是指在使用物品后，立即放回原位，保持环境整洁的习惯。养成随手整理的习惯不是一蹴而就的，需要长时间的坚持和培养，从小而简单的整理任务开始，坚持不懈，逐步养成随手整理的习惯，让自己的生活更加简单和轻松。

整洁的环境可以让我们心情愉悦，也会促进我们养成随手整理物品的习惯。在养成习惯之前，先学会把房间整理干净，保留你真正需要的物品。每天花几分钟的时间整理房间，为需要整理的区域配备储物盒或抽屉架等储物工具，可以存放各种物品，方便管理，提高效率。

二、指导客户养成整理物品习惯的方法

每个家庭的情况和需求都不同，因此在指导他人养成整理物品习惯时，要根据个体情况进行灵活指导。同时要有耐心，给予他人足够的时间和空间来适应。

1. 树立榜样

作为指导者，你需要成为一个榜样，展示出良好的整理物品的习惯。保持自己的物品井然有序，让他人看到你整理物品的效果，激发他们的兴趣和动力。

2. 制定计划

帮助他人明确整理物品的目标，让他们意识到整理物品的重要性，并追求达到的效果。帮助他人制定一个具体的整理计划，包括时间表和目标等。这样可以帮助他们建立起规律的整理物品的习惯。

3. 分解任务

将整理物品的任务分解成可行的步骤，然后逐步完成。例如，首先可以从一个小区域开始整理，再逐渐扩大范围。这样可以避免任务过于庞大而产生挫败感。

4. 提供工具和资源

为客户提供必要的工具和资源，如收纳盒、标签、整理方法的指导等。这些工具和资源可以帮助他们更好地整理物品。

5. 鼓励和奖励

当他们取得进展或达到阶段性目标时，及时给予鼓励和奖励。这样可以增强他们的积极性和动力，进一步巩固整理习惯。

6. 持续跟进

持续关注整理进展，提供必要的指导和支持，进行必要的示范。

三、指导客户养成整理物品习惯的技巧

建立家庭整理的规矩，如每天晚上将鞋子放在鞋柜里、用完餐具后立即清洗等，让家人养成随手整理的好习惯。将家务分工合作，让每个家庭成员都参与到整理物品中来，让整理物品变得更加轻松和愉悦。

给家人一些小奖励，激励家人坚持随手整理物品的好习惯。作为家庭的一员，自己要成为榜样，养成良好的整理习惯，让家人看到自己的行动，慢慢地也会跟着你的步伐走。

有组织地进行整理物品习惯的培养，需要以轻松的方式建立一个体系或方法。需要对家中物品进行归类、分类，使其有序排列，以达到整洁和方便使用的目的。

万事开头难，习惯于日积月累中培养而成。养成整理物品的习惯是一个渐进的过程，比如每天增加一点整理物品的时间，从一个房间到另外一个房间逐渐扩大范围。

四、指导客户养成整理物品习惯的途径

整理收纳师指导客户养成整理物品的习惯需要长时间的坚持和努力，可从明确目标、制定计划、建立储存体系、建立规律方面给予指导。

第一步明确目标。帮助客户明确整理物品要达到的目标。

第二步制定计划。帮助客户将整理任务分解成可行的小任务，并制定一个合理的时间表。

第三步建立储存体系。帮助客户建立整理物品体系，每个物品按照整理体系放到固定的位置，并使用适当的储存容器或标签来整理和区分。并保持储存系统

的一致性，让整理变得更加容易和有序。

第四步建立规律。帮助客户选择一个适合自己的时间来整理物品，比如选择每周末或每天早晨，并坚持下来，让整理物品成为生活的一部分，逐步帮助客户养成随手整理物品的习惯。

五、指导客户整理常用物品的方法

1. 帮助制定计划

与他们一起分析混乱的情况，根据需要为每个区域制定计划，如厨房，书房或卧室，制定适应他们需要和喜好的整洁程度，帮助他们制定实施计划，并倾听、重视、承认他们的观点和意见。

2. 分类和筛选

协助他们决定拥有哪些物品和丢弃哪些物品。制定物品适当的分类目录，根据需求添加收纳储物柜，如衣柜，书架等。

3. 创造系统

帮助他们设计一个系统来处理物品。建议他们使用适当的收纳盒、抽屉、储物柜等，分类放置物品。鼓励他们处理物品时坚持系统要求，避免整理后再次混乱，通过项目分解和指导，强调并重视物品整理对健康、生活质量的重要性。

4. 一起执行

一起执行可行的物品整理计划。指导整理物品需要关注个人的需求，及时讨论问题，提出改进建议。

5. 激励和鼓励

在整理物品过程中不断激励和鼓励需要整理物品的人。家人认可所做的努力，是提高整理物品的长效方法。

六、指导客户整理常用物品的途径

可以帮助客户整理常用物品，使其生活更加整齐、有序、舒适。同时，也可以提高客户的生活品质和环保意识，减少浪费和资源消耗，可以从以下几个方面进行指导：

1. 分类整理

将物品按照种类、用途、颜色等进行分类整理，以便于管理和使用。如按照用途可以把物品分厨房用品、洗漱用品、文具用品等。

2. 精简物品

帮助客户制定筛选标准，例如根据物品使用频率、物品是否有情感价值、是否有重要性等判读物品的存留。精简物品也不需要一蹴而就，可以采用分批处理的方式，例如每天处理一类物品，减轻筛选的压力，同时也可以更有条理地进行筛选。有时请朋友帮忙筛选，可以获得不同的视角和建议，对于真正不需要的物品，可以考虑捐赠给需要的人或机构，避免浪费和占用空间。

3. 储物方式

家庭中不同空间有不同的收纳工具，如卧室的衣柜主要用于衣物的收纳，收纳柜储存杂物和小物件，帮助客户建立物品分类储存意识。同时通过使用收纳盒、收纳袋等工具来提高储物效率。客户的需求中也有需要利用墙面来储放物品，将一些常用的物品挂在墙上。也可以使用挂钩等工具来提高储物效率。

4. 标记物品

根据物品的种类、用途和储存位置，选择合适的标识方式，如标签、贴纸、彩色笔等。在标识上写清楚物品的名称、用途、数量等信息，以便于快速找到使用。也可以根据物品种类和用途，选择合适的标识颜色，如红色表示紧急物品、蓝色表示水果等。值得注意的是标识粘贴在物品上时，要确保稳固和方向统一，以免丢失或混淆。对于一些相似或易混淆的物品，可以制定统一的标识规范。

5. 定期整理

定期对物品进行整理和清理，检查用品使用情况，定期更新和置换家居用品，如地垫、床单等，以保持家居环境的卫生和舒适。及时发现和处理不需要的物品。

七、指导客户养成物品复位习惯的方法

养成物品用完后复位是一个良好的习惯，培养物品复位的习惯有法可循。

1. 设立提醒

在使用物品时，可以设置复位提醒。例如贴上便签或标签，提醒使用完后将物品放回原处。这样可以在使用物品过程中及时提醒自己。

2. 保持整洁环境

保持周围环境整洁有序，当你看到整洁的环境时，会更有意识地将物品放回原位。

3. 设立固定归位处

为常用物品设立固定的归位处，这样可以减少寻找物品的时间，也更容易养成物品复位的习惯。

4. 建立规律的整理时间

设定固定的时间进行整理和清理，例如在每天或每周的特定时间段整理物品。这样可以帮助养成定期整理和复位物品的习惯。

八、指导客户维持物品有序摆放的技巧

通过理论和实践相结合的方式，引导客户建立有序的思维方式和良好的生活习惯，提高自我管理和生活品质。在实践操作中，可以采用家庭小组合作、手把手传授等方式，更好地掌握摆放的技巧知识。同时，要根据家庭成员的实际情况和需求，进行个性化的指导和辅导。一般从以下方面进行指导：

（1）物品分类整理的方法：如给客户示范衣服分类的方法，按长衣、短衣、羊绒、羊毛、蚕丝等进行分类整理。

（2）储物空间收纳工具的选择：不同的空间可以选择不同的收纳工具，教会客户如何测量、如何了解不同材质工具在各个空间的应用技巧。

（3）通过标签强化收纳意识：标签可以帮助我们快速找到物品，也可以通过可视化、数据化等方式为客户建立储物的体系和筛选方式，如数字衣柜等。

（4）培养随手整理的习惯：定期清理和培养随手整理的习惯，可以在出门前，也可以是晚上睡觉前，每天花费一点时间整理物品，避免物品堆积和混乱。

九、购物融入整理思维的方法

将购物和整理思维结合起来，更好地管理自己的物品，避免过度购物，购物应该有目的性、有理性，而不是盲目消费。

1. 制定购物清单

在购物前，制定一个购物清单，列出需要购买的物品和数量，避免没有计划而购买不必要的物品，建议选择性价比适合自己的商品。

2. 根据需求购买

在购买物品时，要根据自己的实际需求进行选择，避免被促销或者包装等因素影响购买决策。同时也根据自己的实际需求和经济能力进行选择，避免盲目跟风导致不必要的浪费。如果使用频率较低，可以考虑租借或者共享等方式。

3. 储存空间

在购买物品时，可以选择一些多功能性的物品，比如可以用于烹饪、研磨、搅拌等多种用途的厨房器具，或者可以用于运动、休闲、旅游等多种场合的服装和鞋子。

有些物品可能原本只有一个用途，但是我们可以通过创造新的用途来实现一物多用。比如用空瓶子做花瓶，或者用旧衣服做成家居装饰品。

十、维持物品整理后状态的意义

保持整洁有序的环境可以培养良好的自我管理能力，可以减少不必要的压力和烦恼，有足够的精力进行工作和学习，提高工作效率和学习效果。当我们生活和工作的环境整洁有序时，会给人一种愉悦感和放松感。干净、整洁、有序的环境可以保护家人的健康，减少细菌和病毒的滋生。也避免物品堆积可能导致的意外伤害。

第二节 收纳维持

一、收纳维持的概念

收纳维持是指维持整理现状，包括分类、规整、包装、归位的成果。为了让收纳的效果长期保持并最大限度地利用所有空间，避免浪费。收纳维持的主要目的是让人们更好地管理自己的物品，避免浪费和重复购买，同时也能够培养好的习惯，让生活更加美好和有意义。

在实践中，收纳后维持的方法包括：

（1）日常清理：每天花费几分钟清理房间，从而防止物品堆积。将不同类型的物品分类，放到相应的区域或储物柜。同时要检查物品是否放到正确的位置上。

（2）抛弃重复物品：检查是否存在多余的物品，及时抛弃无用物品，更新和替换损坏的物品。定期整理储物柜、衣柜和抽屉等地方，清理赃迹。

二、收纳维持的原则

收纳维持的原则是以整洁、有序、方便为核心，通过分类整理、合理存放、标识明确、定期清理等方式，让物品有固定的位置，方便查找和使用，避免杂乱无章，提高生活品质和工作效率。

（1）空间可用性原则：收纳物品应该合理避免室内空间被过多占用。收纳物品的存储方式也应遵循居住房屋的空间和布局设计。

（2）物品总量限制原则：由于有限的空间，必须清楚收纳物品的数量，避免过度使用储物柜或其他储存设备。

（3）储物持久性原则：收纳到储物柜内的每一件物品应该长期有效，而不是存放在临时储物柜内。杜绝不合意的收纳方式。

（4）安全取拿规则：收纳的物品需要培养安全意识，配备安全措施。

（5）收纳设备的质量：使用高质量的收纳设备，保持及时更新设备，确保其具有优越的性能。

（6）家庭成员需求不同：物有所属是最重要的收纳法则，给物品设定固定摆放位置并在使用后及时放回。根据家庭成员需求来放置物品并长期处于稳定的位置。还要依据物品尺寸、使用习惯、使用场景来合理选择收纳用品。

三、收纳维持的要求

维持整洁是指保持环境、物品、身体等方面的清洁和整洁状态，以创造一个舒适、健康、美好的生活环境。作为一种生活习惯，坚持定期收纳状态，避免物品混乱。

1. 分类整理

将家庭物品按照种类、用途等进行分类整理，避免混杂在一起，方便查找和使用。

2. 合理存放

选择合适的存放方式，如衣柜、抽屉、收纳盒等，让物品有固定的位置，避免乱放。

3. 标识明确

对存放的物品进行标识，如标签、贴纸等，让人一目了然，方便查找和归位。

4. 定期清理

定期检查物品，找出不再需要、重复、损坏的物品，定期清理家庭物品，淘汰不需要的物品，保持家庭的整洁和有序，避免杂乱无章。

5. 养成好习惯

养成随手整理物品的好习惯，让家庭更加有序和美好，避免物品堆积和混乱。

6. 共同维护

收纳维持需要家庭成员共同参与和维护，让每个人都有责任感和参与感。另外，定期安排时间对物品进行整理，归位。避免在餐厅或会客室放置过多食品或杂物，保持简洁美观。

四、收纳维持的基本常识

维持物品收纳效果一般从使用频率高的开始，使用频率高的物品放在前面。

（1）把手自然垂在两侧的时候，平行视线与指尖之间的高度是最容易拿到的空间，可以用来存放经常使用的物品；

（2）经常使用的物品放在“向上抬起手的指尖到视线的空间”和“垂手的指尖到膝盖之间”的位置；

（3）“向上抬起手的指尖以上的位置”存放不经常使用的轻的物品；

（4）“膝盖以下的位置”的空间存放不经常使用比较重的物品；

（5）同类物品不要分散存放，要注意观察使用频率。

1. 使用有效的收纳工具

使用带有不同颜色和标记的储物箱子、收纳箱和置物架等储存工具，让你更加容易找到和取用物品。备有搬运工具也能够轻松地移动较重的物品。

2. 储存前先分类

在储存任何物品之前，需要先将它们进行分类，依据种类、大小、用途等标准分类，然后将它们放在相对应的收纳工具中。为每一个收纳箱和储物柜贴上标签，避免在寻找物品时耗费太多的时间。

3. 定期整理

每隔一定的时间，对所有储物柜进行整理，将失效的物品、重复的物品以及过时的物品清理出去。物品储存的位置不要妨碍家庭日常生活，例如常用物品应该放置在更容易接近的位置，而不是难以到达的位置。

五、收纳维持物品的清洁知识

根据不同的物品选择适当的清洁方法。衣物可以按照标签上的清洗指示进行清洗，家具可以使用适当的清洁剂进行清洁，电子设备可以使用专业的清洁工具。

养成定期整理和清洁的习惯，保持物品的有序和清洁。每天花一点时间进行整理，可以避免物品的累积和混乱。

（1）定期清洁储物柜：定期清洁使用的储物柜是维持干净的关键，这不仅会清除积灰和污垢，还会防止细菌滋生。

（2）使用透明储物箱：透明的储物箱可使你方便地观察存储物品的情况，也可以避免互相交叉污染，让你能够清晰有效的部署收纳空间。

（3）分类存放：将物品储存在专门区域里，以免污染和混乱。建议按照种类、材料、形状等不同标准分类，清晰规划整个储物区域。

（4）避免交叉污染：食品和清洁用具等日用品需要分开储存，避免交叉污染。

（5）定期清洁物品：各种物品都要定期清洁，以保持日常卫生和清洁，比如衣物、鞋子、家具、电器等都应该坚持及时清理和维护。

（6）防潮：使用防潮剂、竹炭袋等物品帮助吸收湿气，同时要保持储物柜内部的干燥。

（7）每日维护：每天清理家居和日用品，保持家庭清洁卫生。

六、培养客户用后即收习惯的方法

培养用后即收习惯是一种非常好的生活方式，可以让我们的生活更加整洁、有序，也可以节省时间和精力。如穿过的衣物可以挂在衣架上，未穿过的衣物可以折叠好放回衣柜中；用完的书籍和文件，立即放回原位或放入文件夹中，避免堆积在桌面上。

1. 有行动计划

每天的清洁整理计划要很清晰，包括哪些物品需要用后即收，哪些物品需要定期清洁，以及清洁的时间和方式等。

2. 建立规矩

在家庭或工作场所中建立一些规矩，如用完餐具后立即清洗，用完文件后立即归档等，让所有人都遵守这些规矩。

3. 养成习惯

通过不断重复逐渐养成用后即收的习惯。可以在家庭或工作场所中设置提醒，如张贴提示纸条等，提醒遵守用后即收的规矩。

4. 坚持不懈

养成用后即收的习惯需要时间和耐心，需要不断地坚持和努力。即使有时候疏忽了，也不要放弃，要及时调整自己的状态，重新开始。

5. 逐一进行

根据不同区域和用途分类，设定物品摆放的位置和方式，例如书房、卫生间和厨房可以逐一进行，不能贪图快而一把抓。

七、培养客户养成良好购物习惯的方法

通过养成好的购物习惯，可以避免超支和浪费，也可以选择更适合自己的商品。注意比较不同商家的价格和质量，避免冲动购物和浪费。在购物时，还要保持理性，选择最适合自己的商品。

1. 制定购物计划

在购物前制定购物计划，列出需要购买的物品和预算，避免冲动购物和超支。在购物时，比较不同商家的物品价格和质量，选择性价比最高的商品。

2. 避免冲动购物

不要被商家的宣传和广告所迷惑，按需购买，避免购买不必要的物品。

3. 参与促销活动

在购物时，使用优惠券和参加促销活动，节省开支。

八、维持收纳效果的方法

1. 物归原位

养成用完的物品放回原处的习惯。放弃“等会放回去”的想法，用完立即归位，节约时间。备用物品的固定位置，提前做好准备。平时养成提前准备的习惯，一定会提高维持效果。

2. 拒绝杂物

在收纳之前，先把不用的杂物和垃圾清理掉，避免垃圾和杂物的堆积。尽量利用家具和容器内的空间，让家里保持简约又干净的状态。

3. 追求实用性

即便是最简单的收纳措施，都应该有实际效果，无论是每天整理收纳，还是周末主动卫生打扫，都要坚持好的习惯，始终保持居住环境的整洁。

4. 学习迭代

收纳注重“老生常谈”，注意实践，需要在日常生活中学习更多的收纳技巧，构建收纳新思想。

九、维持收纳效果的途径

维持收纳效果需要长期坚持和努力。通过定期整理、分类归纳、标记标识、养成坚持整理好习惯、管理好收纳空间和避免过度购买等途径，可以让收纳空间保持整洁和有序。

1. 布局合理

对已有的储物空间和容器进行合理的布局，制定一个合理的分类和收纳原则，将物品按照功能、用途或其他相关标准进行整理摆放在比较合理的位置。

2. 定期整理

定期整理并清理不需要的物品，保持收纳空间的整洁有序，对于一些容易混淆的物品，可以使用标记或标识进行区分，合理使用收纳工具。

3. 养成收纳习惯

根据实际需求坚持每天或每周整理一次，逐步养成用后即收的好习惯，让物品不再堆积在桌面或地面上，保持收纳空间的整洁和有序。同时避免过度购买，造成收纳空间拥挤、混乱。